家风名家

家 风

一个孩子教育的起点
一个家庭呈现的精神气质
一个家族绵延千年的血脉保证
一个民族汲取营养的精神土壤

强江海 著

中国纺织出版社

内 容 提 要

本书通过詹天佑、王国维、竺可桢、陈寅恪、梁漱溟、叶圣陶、潘天寿、丰子恺、朱自清、老舍、傅抱石、南怀瑾、常香玉、严凤英14位名家的后人之口，彰显了家风的影响力。在后辈们的眼里，老舍是个"满脸皱纹的小老头"，陈寅恪是个"静静地在白色小路上散步的老人"，南怀瑾是个"有一碗饭也要分半碗给别人的邻家老者"，严凤英是个"极讲原则的'凶'妈妈" ……外人看到的，是名家的伟大；儿孙们看到的，是名家的平凡和朴实。正是这些平凡和朴实，如涓涓细流，如冬日暖阳，如和煦春风，滋养和引领儿孙们正身以俟时,守己而律物，齐家、治业、兴邦。名家虽已去，风范却常存，他们留下的家规、家训、家劝、家约、家仪、家诰，是属于全中国人民的文化瑰宝，值得每一个家庭习之践之。

图书在版编目（CIP）数据

名家家风 / 强江海著. —北京：中国纺织出版社，2018.12

ISBN 978-7-5180-4819-9

Ⅰ.①名… Ⅱ.①强… Ⅲ.①家庭道德—中国 Ⅳ.①B823.1

中国版本图书馆CIP数据核字（2018）第050032号

策划编辑：郝珊珊　　责任校对：楼旭红　　责任印制：储志伟

中国纺织出版社出版发行

地址：北京市朝阳区百子湾东里A407号楼　邮政编码：100124

销售电话：010-67004422　传真：010-87155801

http：//www.c-textilep.com

E-mail：faxing@c-textilep.com

中国纺织出版社天猫旗舰店

官方微博http：//weibo.com/2119887771

北京通天印刷有限责任公司印刷　各地新华书店经销

2018年12月第1版第1次印刷

开本：710×1000　1/16　印张：12

字数：116千字　定价：39.80元

前　言

乡下的妈妈告诉我

编写这本书，多少与我的母亲有些关联。

母亲不识字，没出过远门，自然也没见过什么"世面"，一直在乡下种田，但她教给我的一些道理，如今还被我拿来教育自己的孩子。在我后来的求学生涯中，教授我的有很多博学的师长，他们虽使我受益良多，却不如母亲的话在我心里扎得深、留得长。

小时候家里穷，经常吃不饱，偶尔有好吃的，父亲总往我和弟弟的碗里扒，但母亲每每都会绷着脸"训斥"父亲："他们都还小，将来什么东西吃不到？你是劳动力，吃不饱就挣不到工分，万一有个好歹，我们娘几个靠谁啊？"为了防止我们"抢食"，母亲立了个规矩：长辈们不上桌，孩子们不得先动筷子；有好吃的，要让长辈们先尝。尽管在营养方面，母亲并没有真的亏了我们，但这种"让食"的传统，却一直传到了我的孩子辈。

以至于有友人到我家做客，对我家孩子在餐桌上"拘谨"的表现大为惊讶，在赞了几句"懂事"之后，便一个劲儿地批评我对孩子太过苛责。我知道母亲订下的老规矩已经不合这个时代的道德要求，但我并不打算去改变它。这个时代，父母给孩子的太多，却教不会孩子一个"孝"字。

母亲如今已垂垂老矣，不复当年的精明强干，耳朵背，记忆力也差，前面说过的话后面就忘了，但我的骨子里却"残留"了母亲的殷殷叮嘱和严厉的目光，有的已经和我的行为习惯和思维定式融为一体，想改也改不掉啦。

我9岁那年第一次去上学，读一年级，雨天，没有胶鞋，母亲在我的脚下绑了木履，让我趟着雨水去学校。我嫌硌脚，又怕见生人，央母亲送我。母亲说："娃，你9岁了，不小啦，路要靠自己走，鸟儿大了，也要自己飞出窝！"我出门没走几步就跌倒了，脚硌得生疼，泪水在眼眶里直打转。母亲厉声说："男娃子不许哭！路都不会走，将来还怎么指着你养家。"

后来上初中、高中，直到上大学，都是我一个人去学校报到，虽然一路走得磕磕绊绊，但我始终记着母亲的话：我是男娃，我要养家，我要顶天立地！

我总觉得，家庭对一个人的影响比学校的影响大。学校通过传授书本上的知识，来提高学生认知世界的能力；而家庭对孩子的影响，则更多体现在长辈的言谈举止和身体力行中，这种家风的影响是潜移默化和根深蒂固的，从"根"上主导了一个人发展的方向。

写这本书前，"名家"于我而言，是高山仰止的存在，更别说，有的名家还是我早在小学课本里就"见过"的"大人物"。但在写这本书时，那些名家恍如可亲的长者，和我对坐促膝谈心，使我有醍醐灌顶般的明悟。这样的谈心，对我和我的学生来说，就是一次精神奇旅。可惜以我的笔力难以尽述他们思想的光华，很是惭愧。

家风是什么？

家风是一个家族代代相传的，体现族群成员道德品质、审美格调和整体气质的家族文化风格，是一本本包罗华夏文化密码的绚丽书卷，是根植于中华上下五千年文化之上的集体认同，它需要一代又一代人的滋养、丰富和传承。

很多年以后，我希望我的后人，能在一个温暖的午后，捧着这本书追寻和体味他的先祖撰写这本书的初衷，不奢望他们能如名家后人们那样成长和成材，唯求他们能从这本书里汲取必要的营养，安身立命，懂得真善美。

谨以此书献给天下的父母、孩子，还有我自己的子孙。

强江海

2018年3月22日

目 录

倾谈一　詹天佑：严谨做事，清廉持家 　\　001

倾谈二　祖父王国维：无论将来做什么，先要安安静静读书 　\　015

倾谈三　竺可桢：爱得刚刚好 　\　029

倾谈四　叔公陈寅恪：笃定务实，安心治学 　\　043

倾谈五　祖父梁漱溟：宽放信任，育人以德 　\　057

倾谈六　教育大师叶圣陶：身教永远重于言教 　\　070

倾谈七　我的公公潘天寿：做人就得老老实实 　\　080

倾谈八　一颗童心丰子恺：想让孩子做个快乐的人 　\　094

倾谈九　朱自清：做人要正，做事要实 　\　107

倾谈十　慈父老舍：一个满脸皱纹的小老头 　\　121

倾谈十一　父亲傅抱石：一朵花、一盘菜，都是"教鞭" 　\　133

倾谈十二　父亲南怀瑾：最好的教育方式是没有方式 　\　145

倾谈十三　豫剧大师常香玉：让孩子体会到吃苦的甜头 　\　156

倾谈十四　母亲严凤英：极讲原则的厉害妈妈 　\　169

以上人物按出生年月排序

倾谈一　詹天佑：严谨做事，清廉持家

詹天佑，近代著名科学家，有"中国铁路之父""中国近代工程之父"之称。他主持修建了中国自主设计并建造的第一条铁路——京张铁路，筹划过沪嘉、洛潼、津芦、萍礼、新易、京张、粤汉等线，成就卓越。詹天佑育有五子三女，八个孩子出生于不同的地方。当时，为了中国铁路建设，詹天佑夫妇是铁路修到哪，就把家安在哪。虽然他全身心投入工作中，但始终不忘照顾体弱的妻子和关心儿女的成长。他在《敬告青年工学家中》说："道德者，人之基础

詹天佑（1913 年）

也。学术虽精，道德不足，犹筑高屋于流沙之上，稍有震摇，无不倾倒。"他希望青年人"各处所学，各尽所知，使国家富强，不受外侮，以自立于地球之上"。对孩子们的教育，他从不马虎，言传身教，亲力亲为。他的八个孩子在各自的领域个个成就斐然，孙辈和重孙辈也都有不俗的表现。2016年4月26日，在詹天佑诞辰155周年之际，詹天佑三子詹文耀的小儿子、79岁的詹同沛接受了笔者的专访，他说祖父一生清廉，对自己的孩子严而不厉、爱而不溺，这样严谨的家风对后辈影响极深。

那把戒尺就是"家法"，不过父亲从不打他们，而是让他们自己拿尺子打手心。

1861年4月26日，詹天佑出生在广东省南海县一个破落茶商家庭。七八岁时，他被送到私塾读书。但是，天资聪颖的他对那些"四书""五经"不感兴趣，却喜欢摆弄一些机械，常用泥土捏成机器模型玩耍。1870年，清政府招考120名幼童官派出洋留学，詹天佑就是其中幸运的一个，当时他只有12岁。1881年，詹天佑从美国耶鲁大学雪菲尔德理工学院土木工程系毕业，获学士学位。在120名回国的中国留学生中，获得学位的只有两人，詹天佑便是其中一个。他回国后，被派往福州水师学堂学习海船驾驶，还参加了马尾海战。1887年3月27日，26岁的詹天佑和19岁的谭菊珍在双方父母的主持下，在澳门成婚。

1888年，詹天佑和谭菊珍的第一个孩子詹顺蓉出生，深得夫妇二人喜爱。随后，长子詹文珖、次子詹文琮、次女詹蕙颜、三女詹蕙筠、三子詹文耀、四子詹文祖、五子詹文裕陆续出生。那时为了修建铁路，詹天佑带着一家老小跟着铁路"跑"，八个孩子分别出生于广州、直隶林西、山海关、锦州、北京五地。然而颠沛流离的生活并不影响詹天佑对妻儿的关爱，他总能在工作中"挤"出一点时间陪伴孩子们读书写字，既威严又慈祥。

詹天佑全家福从左至右分别为：詹文琮（次子）、詹文珑（长子）、詹文祖（四子）、谭菊珍（妻子）、詹惠筠（又名詹顺带，三女）、詹天佑、詹文裕（怀中的幼儿，五子）、詹文耀（三子）、詹惠颜（又名詹顺香，次女）、詹顺蓉（长女）

　　詹文耀5岁时，清政府任命詹天佑为总工程师，修筑从北京到张家口的铁路。那段时间，父亲很忙，很少有时间陪孩子们读书。听母亲说，那是第一条完全由我国的工程技术人员设计施工的铁路干线，以前中国的铁路都是外国人来修，这条铁路要是修不好，会被外国人嘲笑，让中国丢脸，所以父亲只许自己成功，不许失败。那时，詹文耀还不太明白母亲的话，但他能感觉到父亲心里的宏图大志。

他记得，有一天，天色已经很晚了，桌上的饭菜都凉了，可父亲还没有回来。母亲很担心，不停地朝门外看，直到他上床睡觉，也没等到父亲回家。第二天，几个孩子缠着母亲问父亲的去向，才知道，前一天傍晚，猛烈的西北风卷着沙石在八达岭一带呼啸怒吼，刮得人睁不开眼睛，测量队急着结束工作，测量到数字后赶紧记下来，没有再次核对，就从岩壁上爬下来。父亲接过本子，一边翻看填写的数字，一边疑惑地问："这些数据准确吗？""差不多吧。"父亲一贯是个严谨的人，一听这么含糊的回答，立刻严肃地说："技术的第一个要求是精密，不能有半点模糊和草率，'大概''差不多'这样的词语不应该出于工程人员之口。"说完，他看了看外面恶劣的天气，自己背起仪器，冒着风沙，吃力地攀到岩壁上，认真地复勘了一遍，修正了一个误差。

"幸好你们的父亲去复勘了，要不一个误差就会让火车在运行中出大事故。"母亲摸着詹文耀的头说。詹文耀似懂非懂地点点头，虽然他不知道一个数字是否真的有这么大的威力，能让火车出事，但是父亲的严谨却在他心里埋下了一颗种子。

渐渐地，詹文耀也背着书包和哥哥姐姐们一起去上学堂，父亲对他们的学业很关心，只要有时间，总是让孩子们把最近写的字、读的书给他看，遇到写得好的字，父亲会面带笑容地点点头，嘴里说着"好，好"。遇到孩子们写错的题目，詹天佑也不会严厉批评、责骂，而是把这道题目圈出来，告诉他们这题目写错了，得重写。

有一次，詹文耀有一道计算题不会做，便去问父亲，父亲沉思一会儿后，便在房间里来来回回踱着方步，也不说话，似乎在思考什么问题。不一会儿，父亲就告诉詹文耀这道题的正确答案，原来詹天佑一直在心里计算。詹文耀摇摇头说："父亲，这道题光写答案不行，要写解答的过程。"

"自己去找过程，只要最后的答案和我告诉你的一样就对了。"父亲和蔼地说。

父亲已经告诉答案，詹文耀也不好再要求父亲告知解答过程，只好悻悻地回到书房，一遍又一遍地在稿纸上写着各种解答方式。原以为父亲会告诉他怎么做，他只要把父亲说的记下来就完事，没想到只求来一个答案，怎么解答呢？为了做好这道题目，詹文耀又是翻阅资料，又是在稿纸上演算，半个小时，一个小时，一个半小时，终于，稿纸上最后的答案和父亲给的答案一模一样。那一刻，詹文耀欣喜若狂，拿着稿纸就去给父亲看，父亲没有说话，只是笑眯眯地点点头。在将解答过程誊抄到本子上时，詹文耀的心里充满了自豪感，这是自己千辛万苦寻来的答案，耗费不少时间，但是在寻找过程中也学到了不少知识。

那一刻，詹文耀恍然大悟，父亲要告诉他们的是：寻找的过程很重要，只有不断思考才能学到更多的知识。

詹文耀从北京交通大学毕业后，就被分配到上海铁路局统计工厂做统计工作，得益于父亲这种独特的教育方式，也继承了父亲的"严谨"作风，他在工作中精益求精，事业很快有了起色。

秉承父亲的家教方式，詹文耀对自己的孩子也严而不厉。

　　在詹同沛的记忆里，父亲詹文耀是个沉默的男人，平时话不多，但是坚持亲自督导孩子们的学业。詹同沛是家里最小的一个孩子，上面有两个姐姐和两个哥哥。儿时，五个孩子总是围坐在一起读书写字，每到这时，父亲会不时地过来检查孩子们的学业。遇到孩子们不懂的题目，他不会直接告诉他们怎么做，也不会给出答案，而是让孩子们自己去查资料，自己思考如何解答。孩子们写完解答过程要送给他检查，哪一步错了，父亲会用红笔在上面标注，然后再耐心地讲解。

　　有一次，詹同沛为了能早点出去玩，写完数学作业也没检查。直到傍晚回家，看到父亲板着一张脸坐在书桌前等他，他小心翼翼地走过去，发现桌上的本子上画了好几个红红的"×"，顿时心里很慌乱。拿过本子，一一检查后，他小声嘀咕了一句："不就差一个小数点嘛。"

　　"一个小数点点错位置，相差十万八千里。当年你的祖父修铁路不要说错一个小数点，就是相差0.001个小数点，也修不成。对数字，绝对要严谨，否则，别去学数学。"一向沉默寡言的父亲，突然发那么大的火，吓坏了詹同沛，他低着头不吭声。

　　等父亲说完，詹同沛走到书桌边，那里常年摆放着一把戒尺。假如有孩子的作业写得不认真，或者是写错了题目，惩罚是不可少的，那把戒尺就是"家法"。不过父亲从不亲自拿戒尺打他们，而是让他们自己拿尺子打手心。每打一次手心，疼痛便会传遍全身，自责也会传遍全身。看着通红的手心，很疼，但脑子里也记得下次别再犯同样的错误。

　　那次以后，詹同沛对待每一个数字都很认真，不敢有丝毫懈怠。多年以后，詹同沛进入上海柴油机股份有限公司工作，从车间工人到分公司经理，快速的成长离不开这种从小养成的"严谨"工作态度。

"如果公费留学，你们就会懈怠一些，我自己出钱，你们才不敢偷懒。你们不好好学，浪费的就是家里的钱，而且我也没有过多的钱供你们虚掷光阴。"

詹文耀14岁那年，父亲詹天佑担任粤汉、粤川铁路督办兼总工程师。那年秋天，詹天佑接到北洋政府的一个通知：批准他的大儿子和二儿子"官费"出国留学。在他心里，一直希望自己的孩子能子承父业。曾经出国留学的他，对国外的先进技术很羡慕，他也渴望自己的孩子能去外面的世界看一看。然而一家老小的吃穿用全靠他一个人的薪俸支撑，想要供孩子出国，确实有些艰难。

看到通知的那一刻，詹天佑并没有心动，他知道，别人家的孩子出国留学，都是自己出钱，而北洋政府让他的孩子出国留学使用官费，并不是因为自己的孩子有什么特别的成就，而是因为他对中国铁路事业所做的一点贡献。要是因为这点贡献，加上自己目前的身份地位，就可以让自己的孩子得到特殊的照顾，不仅对其他孩子不公平，对自己孩子的成长也没有好处，会让他们养成"子凭父贵"的错误思想。

在经过深思熟虑之后，詹天佑婉言谢绝了北洋政府的特殊照顾，坚持用自己的薪俸，支付两个孩子留美八年的一切费用。两个孩子不理解，认为放着"官费"不用，还要自己家出钱，太浪费了。再说这"官费"是政府主动提供，又不是父亲托人情求来的，这样的"官费"用得清白。面对孩子们的不理解，詹天佑语重心长地说："如果公费留学，你们就会懈怠一些，我自己出钱，你们才不敢偷懒。你们不好好学，浪费的就是家里的钱，而且我也没有过多的钱供你们虚掷光阴。"

送走两个孩子后，詹天佑和妻子带着其他孩子紧衣缩食，原本还不错的生活突然变得捉襟见肘。詹文耀曾经有些抱怨父亲，认为父亲心中只有国家这个大家，没有他们的小家。那天，詹文耀趁父亲不在家，又偷溜进书房找自己爱看的书。在书房的桌子上，他看到一封未封口的信。像窥探到父亲的秘密一样，他小心地打开信件。这是一封寄往大洋彼岸的信，收信人是驻美公使唐绍仪。父亲在信中拜托他帮忙照顾好两个儿子，言辞恳切，足以看出父亲对孩子的担心和期望。把信件偷偷放回原位，詹文耀对父亲的误解瞬间消失了，原来父亲对他们的爱不显山不露水，却如此深沉。

1913 年，詹天佑夫妇和子女在汉口公园

　　其实，詹文耀还不知道，儿时他最爱看的书和收藏的金圆币，都是父亲托同学代购的，只为博得他一笑。"我寄上160元汇票一张，请为我购书。余下的钱，可否分心为我将其全部购买金币？我的孩子们是这样喜欢这些小货币(美金一元)，每天都向我念叨。他们觉得这种一元金币很好玩，如果你能寄些新的来，那就更好了。"这是1906年10月23日，詹天佑在写给他耶鲁大学的同班同学布雷肯里奇的信中，向朋友提的一个充满父爱的要求。

　　翌年2月14日，詹天佑收到布雷肯里奇的信，同时也收到了信中所附的6枚一元的金圆币。詹天佑在回信中，同样饶有兴致地说："寄来之金圆币极好，我的孩子们都喜欢它。"

　　随着这一封封越洋信件，带来的不仅有孩子们爱玩的东西，还有一本本外文书，其中就包括整箱的《马克·吐温全集》。詹天佑创造的阅读环境，对孩子们的成长助益极深。詹家的孩子长大成人后个个事业有成，尤其是二子詹文琮，他继承了父亲的事业，1918年从耶鲁大学毕业后回国投身铁路事业，人称"小詹天佑"。詹文琮曾任广东省粤汉铁路工务处处长、湘鄂粤全线粤汉铁路工务处副处长；抗战期间，他在株洲至萍乡间抢修被日机炸毁的铁路，因劳累过度病逝，南京国民政府以他因公殉职通令褒奖。詹天佑三子詹文耀、四子詹文祖均毕业于北京交通大学；五子詹文裕的长子詹同济毕业于北洋大学，是著名的铁路工程师；詹文裕的次子詹同渲毕业于中央美术学院，是著名的漫画家。在几乎全体都从事工程类工作的子孙后代中，詹同渲显得非常特别，即便如此，詹同渲却认为是爷爷的那些带插图的书在不知不觉中把他引上了艺术之路。

　　从前，生活清贫，但是一家人聚在一起读书，那是詹文耀最快乐的时光。家里朗朗的读书声，似一根"小鞭子"，鞭打着他和其他兄弟姐妹奋力前进，不懈怠，不虚度光阴。

"不能只顾个人，有大情怀才能有大出息"

詹文耀22岁那年，大哥和二哥留学归来，一家团聚后，面临着两个哥哥找工作的事情。有单位直接找上门，想要高薪聘请，然而父亲却不同意。他把两个孩子叫到书房，郑重地说："我送你们出国留学，不是要你们回来做高官、拿厚禄，而是要你们为国家的繁荣富强做些有益的事。我身边正好需要人手，你们就在我身边工作吧。"两个儿子都很孝顺，没有提一丁点儿要求，便来到父亲身边帮衬。

和两个哥哥一起回国的几个同学，也来到詹天佑的身边工作。詹天佑给他们每月开出一百多元的工资，而给自己的两个儿子开出的工资只有七十多元。同样的学历，又做同样的工作，可工资收入却不一样，相差都快一半了。有人就替詹文珖和詹文琼打抱不平，觉得詹天佑对他们太苛刻。两个儿子自认为并不比别人差，不明白父亲为什么要自降一等。那些天，詹文耀觉得家里的气氛很压抑，两个哥哥回家一脸不高兴，饭桌上，父亲不说话，哥哥也不说话，原本热闹的家宴变得冷冰冰的。詹天佑感到两个孩子在闹情绪，便在一次饭后，言词恳切地说："不是因为你们工作得不好，而是因为你们俩是我的儿子，要求要更严一点。对自己的孩子徇私是不好的。你们要知道，国家目前有困难，我们不能只顾个人，要多为国家着想。"

詹天佑不仅这样教育孩子，也同样要求自己。詹家八个孩子渐渐都长大了，在北京原有的住房就很拥挤，政府为了照顾他，在张家口给他安排了一幢寓所，还用公款在寓所里添置了不少家具。詹天佑知道后，对孩子们说："我只是尽到我的本职，为祖国修建了铁路，但政府为了奖赏我做的这一点贡献，时刻把我的实际困难放在心上，我万分感动。但我不能因为这点贡献就拿得心安理得，这样你们看到后，以后为别人做一点小事，都想要得到奖赏，这样对你们的成长不利。"于是，他要来了家具的清单，和妻子商量后，拿出家里的积蓄，按照清单一笔笔地付清了货款，没有占用一分公款。

詹天佑子女照（左起依次为：三女儿詹惠筠、二女儿詹惠颜、四子詹文祖、三子詹文耀、五子詹文裕）

　　不久，政府考虑到詹天佑工作的实际需要，想要为他置办一辆汽车，供他个人使用。那个年代的汽车，不是平常人家能使用起的。想到国家的铁路建设还需要大笔的资金，詹天佑婉言谢绝了，用自己的积蓄买了一辆马车，在工作时使用。

父亲一生清廉，几个孩子看在眼里，记在心里。他从不拿一分公款，他常对孩子们说："不能只顾个人，有大情怀才有大出息。各处所学，各尽所知，使国家富强，不受外侮，以自立于地球之上。"这既是詹天佑对孩子们的要求，也是他对自己的要求。

做了一辈子统计工作的詹文耀时刻铭记父亲的话，同时也这样教导自己的孩子，要求他们"以国家利益为先"。没有见过祖父的詹同沛，对这句话感同身受。

在詹家，有一个传家宝。这个传家宝是一个金子做的钟，外面镶嵌着玛瑙，是慈禧太后赏给詹天佑的。

1902年的冬天，慈禧太后找到直隶总督、督办铁路大臣袁世凯，说要造一条从北京通往清西陵的铁路。袁世凯就任命詹天佑为总工程师，用了六个月的时间建造了一条由新城至易县西陵的新易铁路。1903年4月5日，慈禧太后和光绪帝乘坐专列，从北京永定门上车，经京汉铁路及新易铁路到梁各庄，全程120公里，行走了约两个多小时。她上车后就在桌子上放了满满一杯水，整个行程下来，杯子里一滴水都没有洒出来。慈禧太后大赞铁路铺得好，稳当。回宫后就命人把詹天佑叫了去，打开她的珠宝库，让詹天佑自己挑赏赐。詹天佑挑了一些珠宝和一座钟，回去后，他把珠宝分发给跟随他的几个工程师，自己只留下了那座钟。这座钟外面由玛瑙镶嵌，里面是金子做的。虽说这个是詹家的宝贝，但遵照詹天佑的遗愿，后来还是捐献给国家了，现在这座钟放在詹天佑纪念馆里。

詹同沛还听父亲说，祖父临终前交代祖母，捐献所有的家产给中华工程师学会。继承祖父的遗愿，詹家后人将詹天佑留下的120件慈禧太后所赐的宝贝全部捐献给国家，让詹天佑"多为国家着想"的信念世代延续下去。

1919年1月，由英、美、法、日等国组成的特别委员会，阴谋共管西伯利亚铁路和由中俄合办的中东铁路。2月，重病缠身的詹天佑代表中国政府出席远东铁路国际会议，为维护国家铁路权益，在会议上他大义凛然、义正词严地驳斥企图霸占"北满铁路"管理权的日本代表，据理力争，取得了中东铁路由中国管理的权利。

詹天佑汉口故居

4月20日，詹天佑因为心脏病和疲劳过度回到武汉就医。4月24日，詹天佑在武汉汉口仁济医院病逝，享年58岁。詹天佑在病逝前七年一直住在武汉汉口俄租界鄂哈街9号(今武汉詹天佑故居陈列馆)，在这里创设了中华工程师学会，写出了《京张铁路记略》《京张铁路标准图》《华英工程学字汇》等重要著作，对中国后来的铁路大发展起到重要推动作用。

1993年1月，位于武汉的詹天佑故居陈列馆向公众开放。2001年被定为全国文物保护单位。2001年9月，由孙道临导演、上海电影制片厂出品的故事片《詹天佑》隆重公演。

2016年4月19日，由詹天佑科学发展基金会、武汉詹天佑故居陈列馆、武汉市文化局等单位举办的"詹天佑诞辰155周年暨铜像落成仪式"在武汉粤汉码头举行。詹同沛再次来到祖父的故居，抚摸着祖父坐过的椅子、睡过的床铺，他感慨道："祖父的一生都献给了祖国的铁路建设，虽然我没有见过他，但他在我心里不仅是一位杰出的铁路工程师，更是一个爱家爱妻儿的伟丈夫。他的功绩在于以创造性的劳动回答了那个时代的需要，他的价值在于自主的精神、创新的精神，而非器物。在我心里，我的祖父詹天佑，不仅属于詹家，更属于全国人民，詹天佑是人民的詹天佑。"

倾谈二　祖父王国维：无论将来做什么，先要安安静静读书

　　王国维，一代国学大师，精通多国语言，在文学、美学、哲学、史学、考古学、教育学、文字音韵学、版本目录学、敦煌学、西北边疆地理学等诸多领域著述宏丰，成就斐然。尤其是国学上的成就更让人叹为观止，他的著作《人间词话》一度成为不可超越的经典之作。然而，他的人生之路却走得十分曲折而又艰难。1927年，年仅50岁的王国维为时运所逼，从颐和园的鱼藻轩投身昆明湖而亡。

　　王国维育有六子两女，除了次子王仲闻继承了父亲的衣钵，其他子女都在别的领域发展。而王仲闻选择国

王国维

学却不是父亲的指引，父亲给他选择的是一条邮政之路，希望他端上"铁饭碗"，不再过颠沛流离的生活。可父亲做学问的那股认真劲和甘于寂寞的坚守却深深地影响了他，使他最终踏上了父亲曾经走过的路。王国维之孙、王仲闻幼子王庆山接受笔者采访时说："虽然我们晚辈都没有见过祖父，但是祖父治家处世的种种却通过父辈们传承下来，长存于家族中，让我们在喧嚣的社会环境中安于寂寞，安于清贫，用心做事。"

对待孩子表面上不显得亲热，但心底却有深厚的感情

王国维1877年12月3日（清光绪三年旧历丁丑十月二十九日）生于浙江海宁盐官镇双仁巷。他七岁起，先后入邻塾从师潘紫贵（绥昌）及陈寿田先生，接受塾师启蒙，并在父亲王乃誉的指导下博览群书，初步接触到近代先进的科学文化知识和维新思想，逐步形成了读书的志向和兴趣。

王国维一生有两次婚姻。第一任莫夫人（1907年病逝于海宁），育有儿子王潜明、王高明、王贞明。第二任潘丽正，1908年与王国维成婚，育有儿子王纪明、王慈明、王登明，女儿王东明、王松明。

八个孩子在家里虽然很闹腾，但个个都是王国维心头的至宝。次子王仲闻原名高明，号幼安，仲闻是他的字。1902年3月，王仲闻生于浙江海宁。那一年，王国维26岁，就在孩子出生前一个月，他离海宁经沪赴日本留学。身在异国他乡，得到次子出生的喜讯，他的兴奋之情溢于言表。那天晚上，尽管脚气病的发作让他痛苦不堪，但王国维仍站在窗前，望着家乡的方向彻夜难眠。

由于父亲不在身边，王仲闻从小就跟着太爷爷读唐诗、宋词，很快就能吟诵许多篇章，让家人极为欣喜。后来，太爷爷去世了，王仲闻在家乡的学堂读书，成绩非常优异。

1916年，王国维从日本回到上海，租住在爱文义路（今北京西路）大通路吴兴里，租金60元。这是三开间两层楼的石库门住宅，住着王国维、潘丽正夫妇及他们的七个子女，还有亲戚。后来，两人还在这里生下最后一个"阿末头"王登明。那时，王仲闻也随父亲到上海，考入著名的教会学校——育才公学。

在吴兴里的日子，虽说地方有些拥挤，却是王

王国维在上海

家几个孩子最快乐的时光。除了吃饭，王国维所有的休息时间几乎都在书房里消磨掉了。看到父亲在读书，几个孩子便围着父亲打闹，嬉戏声似乎要冲破屋顶，但王国维从不恼，任由孩子们在他身边闹腾，他则安静地读他的书，写他的文章，丝毫不受孩子们的影响。

　　写累了，王国维便会躺在书房的藤椅上休息。而年幼的几个孩子便会在书房翻箱倒柜找自己想要的东西，或书或笔。这时便是王国维规定女儿王东明背诵古文的时候。作为王国维的第一个女儿，王东明深得父亲的宠爱，常被父亲留在身边亲自教授《孟子》《论语》。有时背着背着，王东明就忘了下一句是什么，便抬起头偷偷看一眼父亲，发现父亲躺在椅子上闭着双眼似乎睡着了，便跳过那一句大声接着背下去。然而，每次这样的"偷工减料"总能被父亲抓住。父亲也不斥责，只是眯着眼睛提醒她第一个字让她继续背下去。

　　好不容易拖拖拉拉背诵完了，父亲便开始说新课，他从来不看书本，讲解时也不逐字逐句地讲。他讲完了，便问女儿懂不懂，王东明点点头，今天的功课就算完了。

　　看到姐姐的新课上完了，弟弟王慈明便会缠着父亲让他画人。王国维不会画，便在纸上随意画一个策杖老人或一叶扁舟给孩子。调皮的慈明马上就给老人添上一副眼镜和一根长长的辫子，然后举着画对父亲说："画了一个爸爸。"不待父亲开口，他便逃开了。

　　每次放学回家，王仲闻总能看到弟弟妹妹围着父亲嬉闹的场景，父亲既不笑也不怒，自顾安静地埋头写作，要不就在藤椅上闭目养神。记得有一次，王仲闻刚到家，就看到家里乱成一团，继母手里高举着一把尺子，生气地呵斥弟弟妹妹："要玩到后院去玩，别打扰爸爸看书。"而一批孩子都躲在父亲的身后，父亲一手拿着书大声吟诵，一手护着孩子们不让妻子打，两个人就像玩老鹰捉小鸡似的，满屋子转，孩子们则玩得更加不亦乐乎，让继母感到啼笑皆非。

父亲读的每一个字都铿锵有力，丝毫没有错乱。那种在喧闹中的宁静，让王仲闻看得出神，似乎看着父亲就可以让自己的内心平静下来。

父亲对孩子的宽容以及发自心底的爱，让王仲闻感受颇深。后来王仲闻对待自己的孩子也是宽容的。在王庆山的记忆里，父亲对他最大的惩罚便是在屁股上拍两下。由于是最小的孩子，王庆山在家里最淘气，搞破坏的事总少不了他。有一次，不知道是弄坏了什么，惹得父亲很生气，父亲指着他说："臭小子，你想找一顿打，是不是？"从没有见过父亲如此生气，当时王庆山有些害怕了，看到父亲追来，便满屋子跑，不让父亲追上，但王庆山毕竟还是个孩子，最终被父亲追上，他闭着眼睛，等着被父亲狠揍一顿。谁知，父亲把他抱到床边，轻轻地在他的屁股上拍了两下，说："下次不能再这样了。"便摸了摸他的脑袋走了。看着父亲远去的背影，王庆山一屁股坐在地上，吓坏了的他还没有从刚才的惊恐中缓过神来。不过，从那以后，王庆山很少在家里搞破坏了，总觉得面对父亲会愧疚。

不管白天多闹腾，只要夜幕降临，
孩子们都很自觉地去书房寻找自己想看的书

在王家，读书就像是每个人生命的一部分。白天，孩子们再怎么闹腾，只要晚饭过后，大家都很自觉地安静下来，到处去寻找自己想看的书，认认真真地看着，甚至连掉一根针的声音都听见。

几个孩子中，数王仲闻最调皮，他也很聪明。王庆山记得，1950年在北京，有一位叫张雄飞的先生从广州调来，住在邮电部家属宿舍的四合院里。

王国维故居的书房

张先生当时是象棋界的名人，有多种专著行世，据说晚年担任过中国象棋协会的名誉主席。王庆山和哥哥姐姐对他崇敬万分。夏天，大家在院子里乘凉聊天，父亲和张雄飞摊开棋盘对弈起来，王庆山看着不是很明白，便先回屋睡觉去了。第二天早上，王庆山问父亲胜负如何，王仲闻说："第一盘输了，后两盘都和了。""爸，平时没见你下过棋，你竟然能和象棋大师下个平手？"王庆山瞪大眼睛，想从父亲眼中看到一丝谎意。看到儿子惊讶的表情，王仲闻便从书柜中搬出一大摞棋谱，说："我就是凭着这些棋谱和他下的。"王庆山看着桌上的一堆书，表情十分诧异，但心底却不由得赞叹父亲的智慧。

还有一次，王庆山上初中时，父亲王仲闻带他去游明十三陵，当时陵园没有经过整理。父子俩去了一个最近的陵园，一路上，父亲就像个导游一样，对陵园里的皇帝做了详细的介绍，告诉王庆山那是明朝的第几个皇帝、生于哪一年、做了多少年的皇帝、有些什么重大的功绩和过失等。听着父亲的话，王庆山低着头，想想自己只顾贪玩，学习历史连朝代年表都记不清，可父亲看一本书就能"消化"一本书，学得扎实。

在王庆山看来，父亲的智慧其实是源于祖父爱读书这个传家的好习惯。祖父一生清贫，家里穷得只有书，而父亲也是爱书如命，有点钱就去买书，以至于搬家的时候只有书，没有几件像样的家具。

据父亲王仲闻说，祖父王国维的一生中，没有娱乐二字，只有书。家里孩子多，要吃饭、穿衣，还要上学，王国维常常受人接济，即便如此，他还是安于清贫，一心做学问。不上课的时候，王国维最喜欢去的地方就是琉璃厂。那里的古玩店及书店的老板都认识他，他常常在那里消磨大半天。古玩只是看看而已，如果在书店中遇到想要的书，那就非买不可了。所以祖母只要知道他要逛琉璃厂，就先要替他准备钱。

后来，祖父带着一家老小迁居清华以后，很少进城，去琉璃厂书店的次数也就减少了。有一次，祖父从城里回来，脸上洋溢着笑容，大家都以为有什么喜事，没想到他到了房内把包裹打开，原来是一本书。他告诉祖母说："我要的不是这本书，而是夹在书页内的一页旧书。"看到父亲兴奋地举着那张发黄的书页，神采飞扬，祖母很无奈地摇摇头。就为了这一张纸，他把一本书都买了下来，还如获至宝，这对常人来说是难以理解的。但父亲告诉王庆山："你祖父一定是从这页书里找到了他很需要的资料，他对做学问的细致与执着，烙印在我的心里。"

虽然后来，祖父王国维为了让自己的孩子不再像自己一样一生受人接济、过颠沛流离的生活，无视王仲闻对古籍、诗词的爱好，让他进入邮局，以获得较佳的生活来源。但多年的读书习惯早已深深刻在王仲闻的生活中，他知识渊博，是邮政总局里赫赫有名的"笔杆子"。

记得在中苏结盟时期，中国最流行的外语是俄语。王仲闻尽管没有上过大学，但为了更好地学习苏联经验，他硬是靠从收音机中收听俄文教学节目，用半年多一点的时间学会了俄语，达到可以自如地看原版列宁著作的水平。每当看到父亲抱着大部头的马列原著看时，王庆山就为父亲没有上大学感到可惜。

1957年，因为历史原因，王仲闻被开除公职。卸下工作之后，王仲闻在他痴迷多年的古典文学的研究中找到了新的乐趣与精神支撑。他重拾起父亲用过的笔，走上了和父亲一样痴迷做学问的路。

被迫回家的王仲闻"两耳不闻窗外事"，在书房里废寝忘食地沉浸在古典文学研究的海洋中，不停地看，不停地写，不停地思索。那时，因为家庭的影响，年仅20岁的王庆山被下放新疆，在生产建设兵团农场劳动。在家信中，得知父亲每天只睡两三个小时，整日躲在书房写作，他心疼得常常睡不着。

1968年，王庆山得到一次回家探亲的机会。他风尘仆仆地赶回家，母亲看到他就掉泪了，偷偷地告诉他，父亲一日比一日憔悴，整日就把自己关在房里读啊写啊。

看着父亲瘦弱的样子，王庆山心里很难受，劝他："爸爸，今后不能再这样没日没夜地写了！身体要紧……""年老了，不抓紧就来不及了！"父亲对他说，"有许多东西，不能总是留在我心里。要写出来，留给后人！"

"可是，这类文章在这年头不可能发表呀！"王庆山说，"若不发表，还有什么意义？""话不能这么说！"王仲闻说，"出版发表与否，不是主要的！重要的是要把它赶快写出来。只要活一天，就要写一天。将来，总是会有用的！"

见劝不动父亲，王庆山只能陪在父亲身边，帮他整理书籍。有时深夜，王庆山还能透过门缝，看到父亲在如痴如醉地唱词，第二天，他就会告诉父亲，词牌已经失传了，别再唱了。然而父亲从来就没有听过他的，总是沉浸在书的世界里。还再三教育王庆山："不能只看眼前，要有历史的眼光！要相信历史，相信未来……"

父亲常自比为宋朝人，说宋词能"爱它风雪忍它寒"，而古典文学为他营造了抵御外界"寒流"的净土。这一年，父亲完成的学术著作已有近百万字。

多年后，王庆山看到姑姑王东明，才知道对学术研究的痴迷，祖父也是如此，吟诵、唱词、整夜看书，父亲就像是踏着祖父的足迹在往前走一样。祖父创作的《人间词话》、父亲参订的《全宋词》都是文学佳作，每一部书稿都体现出他们对文学无法割舍的深情。

不过，在祖父那个年代，军阀混战、民不聊生，做学问是没有前途的，甚至于温饱都成问题。除了父亲王仲闻之外，祖父的其他孩子都是做技术工作。即便如此，王家人博览群书的习惯始终不变，在各个行业都出类拔萃。

王庆山的儿子王亮受父亲多读书的教导,从小热爱古典书籍。1989年从新疆考入复旦大学,毕业后考入复旦古籍研究所硕士班,后又获复旦大学古籍所古典文献学专业博士学位,留校在图书馆古籍部从事古籍版本目录学研究,是国家珍贵古籍名录评审专家组成员。他要继承曾祖父王国维与祖父王仲闻为之奋斗一生的事业,对"王学"进行研究。

头上一顶瓜皮小帽,即使寒冬腊月,也不戴皮帽或绒线帽

祖父王国维的一生是曲折而艰辛的,致力于学术研究,他并不善于营生,不谙世事,时常要靠借债来维持一家老小的生活。在清贫中,他独守着一份孤独,一份对文学的热爱。

正因为家贫,王国维很节俭,省下每一笔钱给自己买书,给孩子们交学费。久而久之,勤俭节约便成了王家的习惯。祖父无论在家还是在校教书,穿着都很朴素。天冷时一袭长袍,外罩灰色或深蓝色罩衫,另系黑色汗巾式腰带,上穿黑色马褂;夏穿熟罗(浙江特产的丝织品)或夏布长衫。平时只穿布鞋,从来没有穿过皮鞋。头上一顶瓜皮小帽,即使寒冬腊月,也不戴皮帽或绒线帽。那时清华园内新派人士,西装革履的已不在少数,但祖父却永远是这一套装束。

不过,祖父的辫子,却是大家争论不休的话题。在清华园中,有两个人只要一看到背影,就知道是谁:一个是祖父,辫子是他最好的标志;另一个是梁启超,他的两边肩膀,似乎略有高低,也许是曾割去一个肾脏的缘故。

每天早晨漱洗完毕,祖母就替他梳头。有一次,祖母早上要忙的事情太

多了，也许又是有什么事烦心，便一边替祖父编辫子，一边小声嘀咕着："人家的辫子全都剪了，你留着做什么？"当时，祖父的回答很值得人玩味，他说："既然留了，又何必剪呢？"

每次听父亲说起这件事，王庆山总在想，以祖父保守而固执的个性来看，以不变应万变应该是最自然的事。一条辫子不会抹去祖父对学术的贡献，自然也不会让学生另眼相看，那何必去在乎呢？虽然没有见过祖父，但王庆山却能感受到祖父的淡然与宁静。

祖父对仪表着装的不在乎，影响着父亲王仲闻。王庆山记得父亲的衣服很旧，但是很干净、整洁，那时父亲在邮电部秘书处任副处长，工资很高，但是他的衣服都是洗得发白的那种。而王庆山更不用说了，在家里是最小的孩子，最受宠，按说吃的、穿的都应该选最好的。然而，从小到大，王庆山都没有穿过一件新衣服，家里四个孩子，除了一个姐姐外，三个兄弟的衣服都是哥哥穿

罗振玉（右）与王国维合影

小了给弟弟穿，弟弟穿小了才去另作他用。总之，旧衣服不会浪费。

有一年过新年，看到院子里其他孩子都穿上了漂亮的新衣服，王庆山很是羡慕，跑回家央求父亲给他买件新衣服。沉默寡言的父亲没有说话，母亲却开了口："你身上的这件很好啊，你二哥没有穿几次。"

"为什么我总是穿哥哥们不穿的衣服，都是旧衣服，没一件新的。"王庆山委屈地抱怨。

"旧衣服又不是烂衣服，能穿就行。"一旁的父亲摸着王庆山的脑袋说。抬头看了看，父亲身上穿着泛白的工作服，王庆山在心里叹了口气。父亲自己常年都穿着多年前买的衣服，还会给他买吗？

随着年龄的增长，王庆山也越来越习惯穿旧衣服，用省下来的钱去买很多的书，在家里自学。对待自己的一儿一女，他也是奉行着衣服不破就继续穿的原则，衣服小了就放到里面贴身穿，实在不能穿了才拿去剪了做抹布或者他用。两个孩子在王庆山的言传身教下，从不和别人比吃穿，专心学习，成绩在班里总是遥遥领先，儿子是复旦大学的博士，女儿是上海财经大学的硕士。看着一双儿女学有所成，王庆山很欣慰，自己多年前未圆的大学梦，在孩子们身上得以实现。

因为自己的亲祖母去世得早，父亲王仲闻等三兄弟都是由继祖母潘氏抚养。无论是祖父前妻所生，还是自己所生，潘祖母对孩子都一视同仁，孩子们的吃喝拉撒全由她一手料理，而祖父只专心于教学。王家的几个孩子虽是异母同父，却相处融洽，在一起嬉闹玩耍，完全没有亲疏之分。后来，祖父去世了，潘祖母便跟着祖父前妻所生的三子和三儿媳一起去了中国台湾高雄，外人完全看不出来她是继母。

听东明姑妈说，潘祖母和三叔贞明同住在海关家属宿舍。有时，潘祖母想吃北京的大馒头，三婶便赶紧去买面回来做。婆媳俩在厨房里，一边唠着家常，一边和面、揉搓。不一会儿，厨房里便传出香甜的大白馒头的味道。知道的人说是婆媳俩，不知道的人还以为是母女俩。三叔两口子从不把潘祖父当继母看，尤其是三叔，闲暇时就会和潘祖母聊小时的事情。三叔生性随和，特别爱玩，丢东西在家里是出了名的，手帕、钢笔、手套等小东西，常常是拿出去了就不知道丢在哪里了，潘祖母知道了，也不责罚他，自己省钱再给他买新的。潘祖母对自己的好，三叔一直记在心上，也时刻告诫自己的孩子，要孝敬潘祖母。

1979年，王庆山平反后，进入新疆测绘局工作。2000年，王庆山从测绘局退休后，返回上海定居。回到祖父和父亲曾经生活过的地方，他常常在梦里醒来，脑海里不停地浮现着父亲在清冷的灯光下苦读、写作的身影，他总想着父亲说过的那句话："只要活一天，就要写一天。"可父亲的心血在历史的大潮中，早已丢失太多了，他想去拾回……

由于在大二时就被下放新疆，王庆山总觉得自己读书少，不知道该用什么样的语言来还原一个真实的王家时，他得知隐居台湾多年的姑妈王东明想要出书讲述王家的故事。那一刻，欣喜的泪水情不自禁地在王庆山的脸上纵横交错。

2013年，由中国近代国学大师王国维儿女中唯一在世、现居中国台湾的百岁老人王东明撰述的首部王氏家族回忆录——《王国维家事：王国维长女王东明百年追忆》出版发行。东明姑妈说："接近百岁的时候，我愈发思念父亲和其他亲人。作为王国维先生唯一在世的子女，我觉得自己应该将记忆中的父亲的故事留下来，给王家的后人以及世人还原一个最实在、最真性情的父亲王国维。"

拿到那本厚厚的、散发着淡淡墨香的回忆录，王庆山一遍又一遍地抚摸着书页中祖父与父亲的照片，思念像洪水一样蔓延在他心里。细细品读着文中祖父与家人的点点滴滴的小事，他感慨道："在别人眼中，祖父和父亲的学术造诣一度达到顶峰，是受人爱戴的。但在我心中，祖父和父亲都是表面寡言笑、内心却极度宠爱孩子的好父亲。他们将在孤独和清贫中执着做事的理念揉成一粒种子，埋在子子孙孙的心中，让王家人在任何喧嚣中都能踏实本分地做好每一件事。"

倾谈三　竺可桢：爱得刚刚好

　　竺可桢，浙江省绍兴县东关镇（今属浙江省绍兴市上虞区）人，中国气象学之父，中国物候学创始人，中国近代地理学和气象学的奠基者。他担任浙江大学校长历时13年，对地理学和自然科学史，尤其是中国气候的形成、特点、区划及变迁有深刻的研究，与宛敏渭合撰的《物候学》一书中收集了丰富的历史物候资料和研究成果，这在其他国家的物候著作中是少见的。他一生育有三子三女，六个孩子中却没有一个继承他的事业，只因他坚信"兴趣是最好的老师"，宠爱孩子的他让孩子们去走自己想走的道路，让他们在各自喜爱的领域里绽放最美的花朵。爱家、爱事业、爱人才、爱自己，竺可桢将心中的爱传递给身边的每一个人，他的仁爱之心也被子女们传承下来！

　　竺可桢三子竺安言语之间除了对父亲的缅怀，更多的就是敬佩，他说："父亲是一个正直的人，是一个执着的科学家，他心中时时刻刻充满爱，大到为国家、为民族贡献自己的才能，小到爱自己的每一个孩子，他甚至舍不得责骂我们一句。他是个慈父，却爱得刚刚好。"

"兴趣是最好的老师"

　　竺安，1929年出生于上海，是家中的第四个孩子，上有大姐竺梅，大哥竺津，二哥竺衡。1930年小妹竺宁出生，此时，父亲竺可桢应"中央研究院"蔡元培院长之聘，出任气象研究所所长，带着全家人去了南京。

在竺安的记忆中，父亲很忙，早出晚归，家里的大小事都由母亲张侠魂操持着。不过，每到周末，只要父亲在家，一定会陪在孩子们身边，给他们讲故事，带着他们读一些书。父亲抑扬顿挫的声音，是竺安听过的世界上最美的旋律，每一个字都带着父亲的感情，让他至今都难以忘怀。

有一个周末，不知道是因为什么事，父亲把几个孩子叫到书房。看到哥哥姐姐都严肃地坐好，竺安拉着妹妹也老老实实地坐在父亲身边。那天，父亲第一次向孩子们谈到了自己的母亲，竺安的奶奶顾氏。奶奶是一位既贤良又识字的女子，对子女既慈爱又严格要求。父亲的家乡经常下雨，有时一下就好几天。每当这时，父亲就喜欢趴在窗前或蹲在屋门口看雨。有一天，他正在聚精会神地蹲在门口数着从房檐上滴下的雨滴，数着数着，他发现门口的石板上有一排小坑，水滴落下来的时候正好落在坑里。他不明白这是怎么一回事，便跑过去找母亲请教。母亲告诉他："这叫'水滴石穿'，那一个个小坑就是被雨水滴成的，你别看一滴水没有什么厉害的，可日久天长就能把石板滴出一个小坑来。"接着，母亲又教导他："孩子，读书、办事情，也是这个道理，只要持之以恒，坚持下去就会有所成就的。"从此，"水滴石穿"这一格言成了父亲的座右铭。

说完奶奶的教诲后，父亲看了看哥哥姐姐，慈爱地说："做什么事，认准了，就得努力去做，不能半途而废。"年幼的竺安虽然不知道发生了什么事，对父亲的话听得也不是很懂，但却将"水滴石穿"这个词记在了心上。

竺可桢全家合照

　　竺安8岁那年，二哥竺衡已经13岁，二哥学习好，又爱动脑筋。那年二哥生日，父亲送了一份很特别的礼物，竺安叫它"木盒礼物"，而父亲很用心地在木盒的盒盖上写着"少年化学实验室"。其实就是一个大木盒，里面放了很多试管、酒精灯、石蕊试纸、各种化学试剂，还有一本小册子，里面记录了十几种化学实验的做法。竺衡收到这个礼物，兴奋极了，把家里的兄弟姐妹召集到一起，按照小册子的记录动手做实验。竺安和妹妹还没有接触到化学，只能睁大眼睛好奇地看着哥哥姐姐从木盒里拿出一堆东西，在桌子上捣鼓着，他们一会拿试管，一会在试管里倒化学试剂，一会又点燃酒精灯。

　　竺宁拽着竺安的衣角，不停地问："哥哥，他们在做什么呀？"竺安摇着头，很焦急地看着。不一会儿，只见二哥一只手拿着试管，一只手捂着试管口，还清了清嗓子，得意地说："各位，大功告成。你们人人有份，就是过会儿别太失态了。"竺安一个箭步冲到二哥面前，看了看试管，里面没东西啊！二哥神秘地把试管在他面前一晃，伸到了大姐面前，只见大姐把鼻子伸到试管口使劲闻了一下，没有任何反应，二哥急了，说："你怎么没笑啊？"大哥似乎也急了，抓住二哥的手，鼻子就往试管口凑，使劲闻了好几次，失望地说："失败了。""你们到底在做什么？"竺安看着大家一脸失望样，忍不住问。"我们在制造笑气。"二哥说完，把目光转向竺安。然而，竺安就差把鼻子塞进试管里了，他也没笑。这是一次失败的实验。

看着被哥哥姐姐扔在桌子上的试管、试剂，竺安摸摸这个，闻闻那个，脑袋里一直在想："这些东西就能制造出我们想要的气体吗？那能不能制造出挠痒痒气体？"无数个问题悬在竺安的心里，他对化学的兴趣一下被激发了，他迫切地想要弄明白这些问题。从那以后，竺安没事时，就去附近的书店翻找一些化学方面的书看，还经常借用二哥的这个"木盒礼物"来做自己的实验。

竺安11岁小学毕业那年，竺可桢看到他对化学之类的书籍很痴迷，便送给他一本法布尔著的《科学的故事》。那是一本通俗的科普读物，可是却让竺安更加着迷于化学。书中的主人公是少年保罗，他叔叔给他讲昆虫的故事，讲蚂蚁与蚜虫相互帮助、相互依赖的亲密关系，讲意大利维苏威火山的喷发及其引起的地震与海啸；叔叔带着保罗一起到野外观察大自然，用土法做化学实验"人造火山"……这些课外知识就像一个神奇的魔术盒，深深地吸引着竺安，让他立志长大后要成为一名化学家。为了实现自己的理想，竺安在初中时，通过自学读完了高中的化学书，读高中时便开始读大学的化学书。1946年，竺安如愿考入浙江大学化学系学习。

读了自己最喜爱的专业，竺安对父亲充满了感激之情，是父亲一步步把他引向这个领域的。父亲告诉他："兴趣是最好的老师。有了兴趣，才会主动去学，才能学得更精。"父亲从不要求几个孩子必须学什么，也不会去为孩子设计什么未来，而是让孩子们顺着兴趣去追求未来，去走自己想要走的道路。就像大姐竺梅，父亲在生活中发现她很喜欢音乐，便鼓励她去学习音乐，还送她去音乐学校深造。

有了父亲的引导，竺安在化学这个领域做得如鱼得水，但他从不骄傲，总是牢记父亲"水滴石穿"的教诲，不敢有丝毫松懈。在中科院的化学所里，竺安收获了丰硕成果，但他依然在思考新的进展，他敏锐地看到研究毛细管电泳的深远意义，便将自己的研究重点转向它，但当时国际上很多权威的分析化学家都没有及时认识到它的价值。不过，竺安认准了这件事情，便一头扎进这个新的研究中，带着他的研究团队历经重重困难，取得了不少成果。

"纸上得来终觉浅，绝知此事要躬行"

1936年秋，竺可桢接任浙江大学校长一职。在第一批新生入学典礼上，他问大家："诸位在校，有两个问题应该问问：第一，到浙大来做什么？第二，将来毕业后要做什么样的人？"他反复告诫一年级新生："诸君到大学里来，万勿存心只要懂了一点专门技术，以为日后谋生的地步就算满足，而是要为拯救中华做社会的砥柱。"

竺可桢要求自己的学生治学严谨，对自己更是要求严格。他记日记几十年如一日，没有一天中断过，在家里记，出门也记。从阿坝到米亚罗，他把旅途中经过的每一站的距离、海拔、所见都记下来。即使是坐飞机，他也是手里拿着高度表，眼睛看着外面，对看到的云型和地下经过的河流、城市等都有记录。有时和父亲一起外出，看到父亲在随身带的笔记本上写着什么，竺安很好奇，把脑袋凑到父亲面前，父亲总是摸摸他的脑袋，念叨着："纸上得来终觉浅，绝知此事要躬行。"竺安迟疑着点了点头，父亲知道他还不明白，笑着说："等你长大了，就明白了。"随着年龄的增长，竺安也越来越懂父亲的执着，每次翻看父亲的日记，他都会想起列宁说过的一句话："不要轻视小事，因为大事是由小事积累而成的。"父亲日记里的每一条记录，都成了他日后研究物候学、地理学有力的依据。

竺可桢与竺安等（右一为竺安）

　　1938年暑假，由于日寇入侵，浙江大学西迁，竺可桢把全部精力都投入到迁校工作上。也是在这一年，竺安的母亲和二哥相继患上痢疾。由于是战争期间，当时的医疗条件很差，得不到很好救治的两人在半个月之内相继离世，这对竺可桢是个沉重的打击。很多个夜晚，竺安看到父亲一个人对着母亲的遗像一站就是好久……

　　虽然母亲和二哥的离世，对全家人都是个打击，但父亲的坚韧让竺安感到震撼，父亲不仅坚持观察、记日记，还顺利完成迁校任务。

　　母亲去世后，多位亲友见父亲公务繁忙，四个孩子又年幼，便给他介绍了武汉大学文学院院长陈源的胞妹陈汲，两人于1940年举行了婚礼。当年年底，竺安多了一个同父异母的妹妹竺松。

　　1949年新中国成立后，竺可桢带着全家定居北京，在中国科学院任副院长。繁忙的工作并没有改变他随时记笔记的习惯，他还发动全家一起成为他的物候观测员。

　　那是个初夏的夜晚，竺可桢从书房走了出来，他摘下眼镜，轻轻按摩着鼻梁，若有所思地问夫人陈汲："你听到布谷鸟的叫声了吗？""你没有听到，我就更没有听到了。"陈汲笑道。"为什么呢？"竺可桢不解地问。"因为你的听觉比我的灵敏，每年都是你先听到的。""可今年我怎么到现在还没有听到呢？"竺可桢说，"我怕是因为年纪大了，耳朵不好。你帮我听听，听见了告诉我，好吗？"陈汲答应了他。过了两天，陈汲听到了布谷鸟清脆的叫声。当她告诉竺可桢时，竺可桢笑吟吟地说："我也听到了。可见，这不是听觉灵不灵的问题，而是留心不留心的问题。"渐渐地，夫人陈汲成了竺可桢观察物候的帮手之一。

又是一个早春的日子，竺可桢要到外地去进行野外科学考察。他嘱托小女儿竺松说："你每天上下学从什刹海旁走过，注意观察一下，哪天冰开始融化，你把它记下来；还有，哪一天什么树开什么花，你也留心一下。"竺松调皮地笑着说："可是，我没有这个兴趣呀！"竺可桢严肃起来："这事关系到科学研究的资料，不能马马虎虎的。你严肃地回答我，能不能做好这件事？不要开玩笑！"竺松吓得吐了吐舌头，举手行了个少先队队礼："我一定完成爸爸交给我的光荣而艰巨的任务。"此时，全家人都笑了起来。

那时，竺安已经在化学研究所工作了。有一个周末，竺安回家看望父亲，他看到竺可桢正在整理物候观测的资料，就说："爸爸，我们研究所大楼前的杏树开花了。"竺可桢随即问道："哪天开的？""大概是最近两天吧。"竺安答道。竺可桢当时就不高兴了，放下手中的资料，抬起头来，严肃地说："我需要的是精确的时间，你是搞科研工作的，不应该使用'大概''可能'这些字眼，也不能用估计和推断去代替实际观察。"很少见到父亲如此严肃的神情，竺安低下了头，科研工作确实来不得半点马虎。

第二年春天，竺安到乡下搞社会主义教育运动。那里是山区，山上种有桃树、杏树。这时，竺安想起了父亲的话，所以每天工作之余，他都注意到山上去看树木的生长状态。好多天过去了，他又一次漫步在山坡上，惊喜地看到，几朵粉白的杏花张开了花瓣，在碧绿枝叶的衬托下，显得格外娇艳。下山后，竺安赶紧把这个发现及日期写信告诉父亲。

收到信后，竺可桢满意地记下了这个日期，与他自己的观测结果一样——"清明时节，杏树开花"。回家后，竺可桢对竺安说："科学就需要这样的留心与细心，一样不能少，否则你就别搞科研，那是浪费国家资源。"

竺可桢读书照

　　父亲的严谨认真，深深地影响着竺安，让他对待自己的工作从不敢马虎，在自己从事的毛细管电泳研究领域，投入了毕生的精力，使毛细管电泳研究在化学所获得了迅速而全面的发展。竺安不仅自己工作认真，也对自己的两个儿子这样要求，他告诉孩子，不论从事什么行业，都要有实事求是的精神。在竺家，不踏实工作是可耻的，是不受待见的。

　　在竺安的印象中，父亲不仅热爱自己的事业，更爱惜人才。他记得父亲常说，国家的人才储备越多，发展得越快，才不会被外强欺凌。父亲说这话时，眼睛里闪耀着动人的神采。

竺安记得，浙江大学数学系当时的主任是一个30多岁的年轻教授，叫苏步青，他家里有8个孩子，而他每个月350元的工资根本就维持不了家庭生活。抗战爆发后，浙大内迁到贵州遵义和湄潭，有一次竺可桢从遵义到湄潭去视察，见苏步青在门前的空地上晒白薯干。回去的路上，竺可桢就在想，每天饭都吃不饱，教授怎能做好工作。于是他便向教育部为苏步青申请成为部聘教授，从校聘教授变成部聘教授，工资要翻一翻。不久，苏步青的工资从原来的350元变成700元。为了减轻苏步青的负担，让他将更多精力投入到教学中，竺可桢还让苏步青的两个小孩到浙大附中去住校。可住校要自带棉被，苏步青家里棉被不够，竺可桢又特批他们住在家里，在学校吃饭不要钱。后来，苏步青每次谈到浙大竺校长时，都非常感慨地说："竺校长是把我们教授当宝贝啊！"

父亲对待人才从来都爱护有加，有时还会慷慨解囊。久而久之，竺安为了成为父亲口中的人才，自己努力上进，也鼓励自己的孩子，在任何岗位上，都要肯钻研，成为这个岗位的人才。竺安接受采访时告诉笔者，小儿子从北京化工学院毕业后，分配在一家工厂做化验工作，虽然不是什么高大上的工作，但孩子兢兢业业，没事就在家研究怎样提高效率，成绩显著，他感到特别欣慰。

"先有好身板，才能去谈做一个对国家有用的人"

多年来，竺安都保持着游泳的习惯。不到16岁时，他就成为贵州省游泳冠军，后来在1952年和1954年又两次成为浙江省游泳冠军。这些荣誉的得来，源于父亲对自己以及家人健康的重视。

在竺安七八岁时，父亲就带着他一起外出游泳。记得第一次和父亲去游泳，是在学校附近的一条大河里，看到河中间湍急的水流，竺安吓得紧紧抓着父亲的手。也许是感觉到儿子的紧张，竺可桢拍了拍他的肩膀说："孩子，不怕，有爸爸在。"竺安点了点头。然而，一下到水里，竺安真切地感受到水流的冲力，无法控制自己重心的他吓得大叫："爸爸，我不要游泳了。"在竺安身后的竺可桢从后面一把抱起他，把儿子放到岸上后，说："儿子，我给你说说我过去的事，你就当听个故事。"

夕阳下，父子俩坐在河岸，竺可桢缓缓地说着自己的故事。当年，父亲的个子和体重比同龄人要差很多，显得又瘦又小，一副病态。从家乡到上海澄衷学堂求学时，他单薄瘦弱的身子骨成了同学们冷嘲热讽的对象。同班同学胡适预言他活不过20岁，本想和胡适辩论一番的父亲，低头看看自己的小身板，想着自己经常生病请假，顿时气馁了。那个晚上，父亲躺在床上久久不能入睡，胡适的话在他耳边一遍遍响起，确实有几分道理。没有一个好身体，就算学业再好，也没有机会去为国家出力。他立马从床上爬起来，连夜制订了一套详细的锻炼身体的计划，还手写了一条"言必行，行必果"的格言，作为警句贴在宿舍里最显眼的地方，时时提醒自己。

从那以后，竺可桢坚持锻炼身体，养成定期游泳、远足和练拳的良好习惯。即便是雨雪天气，他也从未间断过。

后来，竺可桢在美国邮轮"中国皇后"号上邂逅了胡适，此时父亲已活过20岁。可胡适不肯认输，又说："你虽活过20岁，看你的容貌，无论如何活不过花甲，更不可能比我长寿！"对于胡适的又一次生命预言，父亲知道胡适才华横溢，口无遮拦，争强好胜，便笑着说："我要是活过60岁怎么样？"胡适爽朗地回答："你要是活到60岁，我在你60岁寿筵上当着所有亲友的面给你磕三个响头。要是比我活得长，你可以在我的尸体屁股上踢上一脚。"对于和胡适的赌约，父亲没放在心上，但是这个赌约却时时提醒他，人再有雄心壮志，再有才华，没有好身体，一样没用。

说完故事，竺可桢摸了摸竺安的脑袋，说："孩子，游泳是为了强身健体。一个人，先有好身板，才能去谈做一个对国家有用的人。你是男子汉，难道连这点小困难都感到害怕？"

看到父亲清瘦健康的身体，竺安摇了摇头，对父亲说："爸爸，你教我吧，我肯定能学会。"父亲满意地点了点头。从那以后，无论春夏秋冬，只要有空，父亲就带着竺安去周边的江河里游泳，或者去爬一爬周边的山，遵义桃溪、广西宜山、广西湘江等地，都留下了父子俩的身影。也正是父亲对孩子健康的关爱，成就了竺安的游泳冠军之路。

后来，随着竺安成家立业、有了自己的孩子，竺安从父亲身上不仅看到锻炼身体的好处，更觉得坚持游泳、爬山也可以磨炼自己的意志力。在自己两个儿子相继长大成人后，即便工作再忙，竺安也会抽出时间，带着他们下水游泳、爬山，多年如一日。有时天气不好，夫人心疼孩子，竺安便说："这点小困难都害怕，还怎么练就一个好身板，以后还怎么做对国家有用的人？"时间久了，两个儿子都把锻炼身体当成生活的一部分。在竺可桢的带动下，竺家的子孙，个个身体清瘦有力，精神健旺，他们也把"健康"理念世代传承下去。

1961年除夕夜，父亲领着一家人去北京人民大会堂参加联欢会，当时他已经是71岁高龄的老人了，可是身体很硬朗，一路上都没有让子女搀扶，还亲手搀扶着竺家的保姆。因为保姆是小脚，父亲怕她摔跤，所以一路搀着她。看着父亲强健有力的步伐、搀扶保姆的小心翼翼，竺安的心里有一种说不出的温暖。这就是父亲，一生和善亲切，从没有领导架子，他用心中的爱温暖着身边每一个人，并让这种爱一直传递下去。

1974年2月7日，竺可桢因肺病在北京逝世，享年84岁。父亲离世后，竺安有很长一段时间陷入对父亲的思念中。父亲说的故事、父亲对工作的严谨、父亲手把手教他学游泳……一幕幕在眼前浮现，让他久久不愿承认父亲的离去。

在整理父亲的遗物时，竺安看到父亲留下了大量的日记和著作，日记大约有1300万字，著作大概有600多万字。每一页日记都是父亲用心血写成，竺安想要让它面世，与大家一起分享。从2000年开始，竺安把自己的全部精力投入到《竺可桢全集》编辑工作中。因为日记全是父亲手写的，又经过了六七十年，有的字迹很不清楚，辨认的难度高、数量大。竺安知道出版《竺可桢全集》的工作量实在太大，但他从来没有放弃过。那时，完成《竺可桢全集》是竺安最大的愿望。一方面他觉得这是自己的义务，应该把父亲宝贵的遗产整理出来，传之后世；另一方面，他希望能够将竺可桢的著作、日记、思想统统如实地展示给世人，不作任何的删节或美化，这也是父亲毕生所提倡和实践的"求是精神"的体现。

2014年，竺安在多位院士、科学家的协助下，完成了《竺可桢全集》的编撰，还原了一个求是而善良的父亲。14年来，竺安在编校中，一次次重温父亲走过的路。正如中国科学技术协会党组成员、书记处书记王春法对父亲的评价："地理学和气象学的专家学者看到的是一位真正的大科学家、大学者；大学的师生看到的是一位可亲可敬的老校长、教育家；社会公众看到的是一位也做普通事、也交普通友的普通老人；家人看到的是一位做事认真、严于自律的慈父；我看到的是一位真正意义上的科技活动家。"

在外人眼中，父亲是一个很著名的科学家，可竺安眼中的父亲，只是一个慈祥的老人，是一个把"爱"放进竺家子子孙孙心中的老者，朴实、低调。

倾谈四　叔公陈寅恪：笃定务实，安心治学

陈寅恪，中国著名诗人、历史学家、古典文学研究专家、语言学家。他13岁东渡日本，后游学欧美，20余年潜心学问，能读14种文字，会说5种外语，能听懂8种语言，是清华国学研究院四导师之一，被誉为"全中国最博学之人"，其学问被誉为"近三百年来一人而已"。他一生颠沛流离，育有三女，三个女儿分别从事医学、生物与化学工作，都跟文史沾不上边。他对小女儿陈美延说："如果要学历

陈寅恪

史的话，就要超过我，否则就不要学。"严厉的语言背后却是宽松的教育环境，让孩子们自由选择未来，也成就了孩子们的事业。

陈寅恪的侄孙陈贻竹说："我和叔公相处的时间很短，那时叔公的双眼已经失明了。但是在我心里，他却是独立与自由最好的践行者。他能在复杂的利益格局变化中独善其身，安心治学。"

哪里有好大学，哪里藏书丰富，他便去哪里拜师、听课和研究。留洋十数年，进入众多高等学府，却未怀揣一张高级学位证书回来，他完全是为了读书而读书。

1890年7月3日，陈寅恪出生于湖南长沙。当时，陈家祖孙三代居住在湖南长沙岳麓山脚下、湘江东岸城北的"蜕园"。在那里，陈寅恪和家里其他7个兄弟姐妹接受了良好的教育。

5岁那年，祖父陈宝箴被清廷任命为湖南巡抚，推行新政，备受光绪皇帝赏识。父亲陈三立爱结交名士，曾推荐梁启超担任时务学堂中文总教习，是陈宝箴最得力的助手。陈府的欣欣向荣，让陈寅恪度过了一个美好的童年，同时也深受家庭影响，酷爱读书。

在家庭环境的熏陶下，陈寅恪小小年纪便能背诵四书五经，并广泛阅读历史、哲学典籍。在读书方面，陈寅恪聪慧过人，但在平时的游玩嬉闹中，他总被兄弟姐妹们笑为"笨手笨脚"。有一次，家里来了远房亲戚，孩子们特别高兴，想跟他们开个玩笑以示友好。几个孩子在一起悄悄商量后，决定在后花园的一个大坑上，铺上杂枝乱草做成一个陷阱，想让亲戚走上去摔个跟头。陷阱做好后，得先派个人充当先锋，诱敌深入。在家活泼好动的五哥陈隆恪便推荐陈寅恪去，哪知陈寅恪动作笨拙，诱敌不成，反而自己摔进了陷阱里。

玩不好，陈寅恪并不在意，只要能让他安安静静地读书，便是极好。1894年，长兄陈衡恪娶亲，成婚当日宾客众多，小孩子们欢喜得不得了，唯独不见5岁的陈寅恪。后来，家人发现他一人离群独坐。也许就是这样的性格，让陈寅恪越来越沉迷于读书。

1898年，因为百日维新失败，慈禧太后垂帘听政，祖父陈宝箴与父亲陈三立均被革职。祖父便带着全家离开长沙，返回江西南昌。

13岁时，陈寅恪便跟随兄长陈衡恪东渡日本求学。在日本的生活是贫苦的，陈寅恪每日上学所带便当，只有一点咸萝卜佐餐，偶尔有块既生又腥的鱼而已。即便如此，陈寅恪也没有放弃学业，每日仍苦读不辍。

此后，陈寅恪又赴欧洲，先后在德国柏林大学、瑞士苏黎世大学、法国巴黎大学等世界著名大学求学。他还在美国入哈佛大学学习梵文、巴利文两年，由美再度赴欧重回柏林大学研究梵文及东方古文字学。前后14年的时间内，陈寅恪游学日、欧、美，精通英、法、德、日、蒙、藏、满、梵、巴利、波斯、突厥、西夏、拉丁、希腊等二十余种文字（包括一些已经死亡的文字）。

哪里有好大学，陈寅恪就去哪里拜师、听课和研究，他一生读过十多所大学。初到美国留学时，陈寅恪购书的豪举，让众学子难忘。他主张书要大购、多购、全购。有一天，陈寅恪说："我今学习世界史。"遂将英国剑桥大学出版的《剑桥近代史》《剑桥古代史》《剑桥中古史》等几十巨册陆续购回，成一全套。

他不仅读书本，而且留心观察当地的风土人情，而对大多数人所重视的学位之类，他却淡然视之，不感兴趣。

在德国读书时，陈寅恪都没有要学分。只要学校里开的那一门课，是他想要学的内容，他就跑去听，听了做笔记。他自己注册的是印度学系，他就在那自己读书，没事去听课，完全是一种文人求学，有点像中国传统的游学。陈寅恪说："考博士并不难，但两三年内被一个具体专题束缚住，就没有时间学其他知识了。"不求博士文凭的陈寅恪，在如饥似渴的学习中，形成了自己宽阔的学术视野。

留洋十数年，陈寅恪多次进入众多高等学府，然而却未怀揣一张高级学位证书回来，他完全是为了读书而读书。

1925年，清华大学筹办国学研究院，已在清华任教的吴宓向梁启超介绍陈寅恪。梁启超便推荐陈寅恪任国学研究院导师，当时的校长曹云祥尚未听说过陈寅恪，便问梁启超："他是哪一国博士？"梁启超说："他不是博士，也不是硕士。"本来以为梁启超推荐的人肯定是文凭显著，没想到什么文凭都没有，曹云祥又问："那他有没有什么著作？"梁启超摇了摇头说："也没有著作。"

听完此言，曹云祥皱紧眉头，为难道："既不是博士，又没有著作，这就难了！"听出校长不想用陈寅恪，梁启超火了，生气地说："我梁某也没有博士学位，著作算是等身了，但我的全部著作还不如陈寅恪寥寥数百字有价值。好吧，清华不请他，国外的大学也会请他的。"接着，梁启超向曹云祥介绍了柏林、巴黎几位大学教授对陈寅恪的推誉。曹云祥一听，知道陈寅恪确实是个人才，急忙登门礼聘。

在清华校园里，不论是教授还是学生，在文史方面有疑难问题，但凡向他请教，就一定能得到满意的答复。陈寅恪因此被大家称为"活字典""活辞书"，这与他多年来广阅群书是分不开的。这样的习惯贯穿他的一生，也带入了他对子女的教育中。

在《也同欢乐也同愁》一书中说："父亲空闲时候，会选择一些唐诗教我们背诵，流求和小彭现在都能清晰地背出好多句子，如最初的'松下问童子，言师采药去'，到后来的《长恨歌》《琵琶行》，这些诗句表达的意思，我们也是随着年龄的增长才逐渐加深理解，从而也更明白父亲的用心。"

陈寅恪一生育有三个女儿，陈流求、陈小彭、陈美延。三个孩子在父亲的影响下，对读书的理解也就是为了增长知识，从没有想过利用所学去谋求名利。

记得有一次，大女儿陈流求期末考试考了第一名，还获得了老师发的小奖品。拿着成绩单和奖品，陈流求很高兴，那天放学回家都是蹦着走路，一路蹦跳到家，心里筹划着父母看到后，肯定又是表扬又是奖励。相较于老师的奖品，她更想得到父亲的奖励，会是什么呢？回家后，陈寅恪仔细看了女儿的成绩单后，淡

1938 年初春，陈寅恪怀抱幼女美延。

淡地说："你是不是比班上不少同学年龄大一点(那时一些小朋友较早入学)？

自然应该考得好些，有什么值得骄傲的呢！"父亲的话像一盆冷水浇在陈流求的心上，但细细一想，父亲说的似乎有些道理，年龄大对知识的理解就会多点，确实没有什么好开心的。从那以后，陈家的孩子即使考试得了高分，也不会在意，个个都扎扎实实地学知识。

正因为陈寅恪不在读书学习之事中掺杂一丝名利，孩子们才更专注于学习，有了更严谨的态度。即便大女儿陈流求学的是临床医学，二女儿陈小彭学的是园艺，小女儿陈美延学的是化学，与文史不沾边，但无论她们从事什么职业，专注、严谨都是多年不变的习惯。

"我是教书匠，不教书怎么能叫教书匠呢？我每个月薪水不少，怎么能光拿钱不干活呢？"

1925年，陈寅恪受聘于清华大学，同时还在北京大学兼课，教授语文、历史和佛教研究等课程，同时对佛教典籍和边疆史进行研究。

陈寅恪上课时，常用一块黄色包袱，包上几本参考书籍，夹在腋下，不修边幅的他被清华大学的学生戏称为"相貌稀奇古怪的纯粹国货式的老先生"。后来，清华政治系教授浦薛凤在回忆录中，还记录了这样一段有趣的事：

"予（浦薛凤）寓所在北院四号，寅恪家住校门外之南院。但伊常到北院访友，经常在授课前后，尤其是在中午光景。伊上课时，总夹带好几本参考书籍，但不用现代所用之皮袋或手提书箱，而惯用一块黄色包袱，将一堆书籍围住，夹在肋下。伊穿着藏青长袍黑色背心，头戴一顶皮帽。其时，予之家父家母正从江苏常熟来到北京西直门外清华园小住。北院四号对街乃是王文显教授住宅。王师母（因予在清华学校读书时，王文显先生已在执教并担任教务长）常邀请予母前往其外凉台上并坐椅中，晒晒太阳(此则证明冬日可爱)，随便闲谈。当时寅恪先生慢步走过之时，看到王太太，自然微笑点头。家母突向王太太问道：'这是一位裁缝先生？'寅恪大概听到此问，回转过头来微微一叹。当时笔者不在场。但事后听王师母见告此一情形，彼此大笑不止。王师母云：'我告诉你，老太太，这是一位鼎鼎大名的教授。'家母亦大笑一番。其后，佩玉（陆佩玉，浦薛凤夫人）与陈太太（陈寅恪夫人唐筼）提及此事。陈太太坦白承认，他先生回家确曾道及此桩细事，但不以为忤，反而自己连笑带说：'我的书包的确真像裁缝的包袱。'"

那时，陈寅恪去课堂授课，不提皮包或书包，总用双层布缝制的包袱皮包裹着书本，大多是线装书，用不同颜色的包袱皮，以示不同类别书籍的区别。佛经、禅宗的书一定是用黄皮包着，其他课程的书则用蓝皮，他对教书这件事有宗教般的虔诚和仪式感。

正因为爱书、喜书，所以陈寅恪一生治学严谨，他每一节课都认真备课，并且对学生说："书本上有的，我不讲；别人讲过的，我不讲；我自己讲过的，也不讲。"然而，在长期颠沛流离的生活中，陈寅恪的眼疾得不到及时的医治，1944年寒假刚过，他的右眼因视网膜剥落而失明，左眼也仅剩一点点微弱视力。即便如此，陈寅恪也没有落下一节课，他备课与写作十分吃力，就连学生的考试分数，也只能让大女儿流求帮忙誊到成绩单的表格中。然而就是在这样的目光蒙眬之中，他竟然先后出版了《隋唐制度渊源论稿》《唐代政治史论稿》。

1945年，陈寅恪手术失败，双目失明了。1946年4月，陈寅恪重返清华园新林院53号，此时他已是盲人教授。校长梅贻琦劝他休养一阵，陈寅恪不听，倔强道："我是教书匠，不教书怎么能叫教书匠呢？我每个月薪水不少，怎么能光拿钱不干活呢？"

11月，陈寅恪开始授课，学校为了方便他教学，干脆把课堂设在他家中最西边狭长的大房间内。陈寅恪就坐在家里一张椅子上讲授《元白诗笺证》，每次讲两个小时，中间休息10分钟。

这个教室只能容纳20多位学生，听课的有历史系和中文系高年级的学生、研究生、讲师、副教授等。此时的陈寅恪体弱不能板书，只能由助手王永兴帮忙把引文、关键词和学生听不清的字句等写在黑板上。

虽然看不见，但陈寅恪备课从不马虎。做了他三年助手的王永兴深有体会。

先生讲授唐史备课要使用《通鉴》、《通典》、两《唐书》、《唐会要》、《唐六典》、《册府元龟》等多种史籍文献。前四种书，先生指定他要听读的部分，要我事前准备。后三种书和其他有关的书，需要时先生命我检阅。大书桌旁摆着两件小沙发，我面对先生坐着，我的背后是一书架经常使用的书。先生特别重视《通鉴》，首先听读。我一字一句地读，先生听着思考着。有时，先生命我再读一遍，更慢些。《通鉴》听读完毕，先生提出一些问题，口授我写。先生读《通鉴》多次，能背诵。有一次，我读《通鉴》还未到一段，先生突然要我停下来，重读。我感到，我读的有错误或脱漏，我更仔细地一字一句慢读，果然发现，我第一次读时脱漏一字，我感到惭愧。这似乎是一件小事，其实是一件大事。

《通鉴》通读完毕，同样听读《通典》、两《唐书》，最后，先生口授，我写下类似讲课纲要也类似一篇文章提要的草稿。这一草稿要不断修改。一次备课要用很长时间。

先生对工作时间要求很严格，每天早八点开始，到十点，休息20分钟，我陪侍先生在窗前的阳台上散步。阳台的东头是一丛月季，西头是一丛丁香，东西来回走着，有时先生问我院中花草树木的情况，他心情很愉快。

先生在清华新林院的住房相当宽敞，书房对面一间大屋子作为教室，先生指定讲课要用的史料，在上课前，我写满两块大黑板。先生准时讲课，我扶着他走进教室坐在藤椅上，并禀告先生黑板上写出史料的顺序。先生即闭目讲课，讲授过程中，时常要增加一些史料，我即遵命写在黑板上，并念给学生听。两节课，中间虽稍有休息，先生已很劳累，靠坐在沙发上闭目休息，我做些有关备课和学生作业的事。

陈寅恪对教学的严谨，让大女儿陈流求记忆深刻。父亲双目失明后，很多研究工作都要在助手的帮助下才能进行。有一次，父亲已经上床睡下了，突然想起自己的作品里有一处需要修改，便念叨着，家人说要帮忙记下，可父亲怕记错位置，只有助手才知道确切位置，便没有应允。那一夜，害怕忘记修改的地方，父亲一夜无眠，直到天亮助手来了。本就体弱的陈寅恪，为了教学，时常睡不好觉。每次看到父亲早起憔悴的神情，陈流求就很心疼，但父亲的行为却让她一生受益。多年后，她成了一名医生，不论多累，只要在工作岗位上，她时刻记着要对病人负责，不敢有丝毫松懈。

在陈家，陈寅恪的认真严谨不仅让自家孩子受益匪浅，也让侄孙陈贻竹感触颇深。第一次见到叔公陈寅恪，是在1960年，陈贻竹到广州中山大学上学。双目失明的陈寅恪当时住在中山大学康乐园东南区1号楼。休息日，陈贻竹有时会去看望叔公，扶着他到楼下门外的白色小路上散散步，那条小路是因为他晚年视力严重衰退，只能略辨光影，学校专门为他在屋前修砌的，涂上了白漆，方便他辨识。

两人没有过多的交谈，偶尔陈寅恪会问起侄孙的学业。在陈贻竹眼中，他就是一位安静的长辈。让陈贻竹记忆深刻的是，在叔公家二楼的西面有个大阳台，里面密密麻麻地排了十几把扶手上带小桌板的椅子，墙上挂着小黑板，旁边放着叔公的藤椅。叔祖母告诉他，这是叔公授课的教室。有时临走，陈贻竹会到教室里坐一坐，想像着叔公拄着拐杖、坐在藤椅上讲课的样子，想着学长们说的叔公双目失明，上课每每仍有新内容的话，一种敬畏感油然而生，激励他时刻努力。

爱国，爱家，眼盲却心如明镜

虽然只是空闲时去看望叔公，但是从叔公和叔祖母的交谈中，陈贻竹还是感到了浓浓的情意。有时叔祖母只是轻轻的一句提醒，叔公便乖乖听话，让陈贻竹不由得笑了，纵然是叔公这样的大师，在叔祖母面前也化为绕指柔了。夫妻之间的情深意笃，让他心生温暖。

和叔祖母聊起叔公，她的脸上总是荡漾着淡淡的笑容，尤其是说到叔公在成都燕京大学临时学校执教的日子。

那段时间，是全家度过的难得的安定、幸福时光。为了给叔公补养身体，叔祖母唐筼特意托人买来一只怀了胎的黑色母山羊。待母羊生了两只小羊以后，叔祖母便学着挤羊奶。她每天早晨先把母羊拴在柱子上，再用清水洗净母羊的乳头，然后开始挤奶。叔祖母出身于官宦世家，以前哪曾挤过羊奶?

"不会挤，也得强迫自己学啊。经常是奶没挤多少，羊被弄得直叫唤，自己也吓得不轻。"说起往事，叔祖母摇着头笑着说。经过一段时间的手忙脚乱后，叔祖母终于能费尽力气，每日挤出一小碗羊奶。每回她都舍不得自己喝一口，全端给叔公，看着叔公一口口喝下去，她才满意地做自己的事去。

看着叔祖母风轻云淡地说着这些生活趣事，陈贻竹想起姑姑们说的话，叔公曾告诉她们："你们可以不尊重我，但必须尊重母亲。母亲是家中的主心骨，没有母亲就没有这个家，所以我们大家要爱护母亲、保护好母亲。"所以，三个姑姑对叔祖母孝顺有加，虽然不住在一起，但是经常嘘寒问暖。

陈寅恪全家 1939 年秋在香港。
左起：陈小彭、陈寅恪、唐筼、陈美延（前小童）、陈流求。

对于叔祖母，陈贻竹也是非常钦佩的。叔祖母唐筼是台湾巡抚唐景崧的孙女、一代才女，和叔公结婚后，仍然坚持在女师大任教，直到生下大姑，同时也为了全身心支持叔公专心治学，她才辞去教职。1950年，叔公和叔祖母居住在岭南大学，门前有一条通往学校的道路，叔祖母每天早晨洗净六七个杯子，并晾好当天的白开水，目的就是给路过这里的学生们喝。而叔公双眼失明后，叔祖母则参与到叔公的著述工作中，找文献，查资料，记笔录，诵读。叔公每完成一部著作，都请叔祖母题写封面。在叔祖母的身上，陈贻竹看到了中国女性的坚韧。他也经常教育自己的孩子，要对母亲好。

谈起叔祖母对叔公的好，叔祖母总是说："寅恪为了读书，吃了不少苦，应该要好好照顾的。"叔祖母说，曾听赵元任夫妇说叔公在柏林求学时，午饭总要吃炒腰花，后来在清华，叔公与赵元任同住，赵元任的妻子杨步伟就总是叫厨子做腰花，但叔公却一点都不吃。杨步伟觉得很奇怪，就问："你在德国不是总要吃腰花吗？"叔公告诉杨步伟，那是因为腰花在德国最便宜。为了读书，叔公生活非常清苦，每天一早买少量最便宜的面包，即去图书馆度过一天，常常整日都不正式进餐。每次说起这事，叔祖母的眼睛里总是闪着泪花，沉默许久……

叔公为了读书可以忍受饥饿，在抗战时期，他作为一个中国人所表现出来的硬骨气，更让陈贻竹肃然起敬。

1939年春，陈寅恪收到牛津大学汉学教授的聘书，决定举家赴英国。1940年9月，陈寅恪到香港准备全家赴英国的护照，但由于战争爆发最终困居港岛。紧接着太平洋战争爆发，日军以数万人进攻香港，香港沦陷。陈寅恪挤不上逃难的飞机，以致滞留香港。日军占领香港后，陈寅恪离开暂时任教的港大，在家闲居。因为没有任何收入来源，全家生活立时陷入困顿之中。小姑陈美延曾回忆道："孤岛上生活艰苦，交通阻断，学校停课，商店闭门。百姓终日惶惶不安，家家没有存米，口粮更是紧张。母亲生着病，仍须费尽心机找全家吃的口粮，也只得控制我们进食。红薯根和皮都吃得挺好，蒸出水后，泡成半干半稀的米饭，当时称'神仙饭'，也不是日日能吃到。"

眼看春节来临，陈寅恪一家生活无着。恰在此时，一位日本学者写信给日军军部，军部行文给日军香港司令部，要他们不可烦扰陈教授。驻港日本宪兵得知陈寅恪乃世界闻名的学者，便极力笼络他。司令部派宪兵给断粮多日的陈家送来了面粉，但陈寅恪断然拒绝。于是，宪兵往屋里搬面粉，陈寅恪和唐筼便往外拖面粉，坚决不吃敌人的面粉。后来，在香港的日本人以日金四十万元强付陈寅恪，让他办东方文化学院，陈寅恪力拒之。

1942年，除夕晚上，困居香港的陈寅恪一家，没有收纳日本宪兵送来的一袋面粉，每人只喝了半碗稀粥，全家分食了一个鸭蛋，算是过了一个春节。

1969年10月7日，79岁的国学大师陈寅恪因患多种疾病，在广州中山大学去世。夫人唐筼平静地料理完丈夫的后事，接着又安排好了自己的后事。45天后，唐筼也静静地走了。她曾对人说："料理完寅恪的事，我也该去了。"

没事的时候，陈贻竹喜欢翻看叔公的作品，书里流淌出的不仅有叔公安心治学的气魄，还有对家人的殷殷期盼，更有叔公与叔祖母的情意绵绵，是国事家事，更是一种情怀。他说："在外人眼中，叔公是一代大师，爱国爱家，尽显男儿气概。但在我眼中，他就是那个静静地在白色小路上散步的老人，平静、淡然。"

倾谈五　祖父梁漱溟：宽放信任，育人以德

　　梁漱溟，中国著名的思想家、哲学家、教育家、社会活动家、爱国人士，现代新儒家的早期代表人物之一，曾被美国汉学家艾恺称作"最后一位儒家"。他的一生充满了传奇色彩：6岁启蒙读书，却还不会穿裤子；上了四所小学，学的是ABCD；只有中学毕业文凭，却被蔡元培请到全国最高学府——北京大学教印度哲学；在城市中出生成长，然而长期从事乡村建设；一生致力于研究儒家学说和中国传统文化，是著名的新儒家学者，可是却念念不忘佛家生活，一再声明自己一生都持佛家思想。1988年6月23日，梁漱

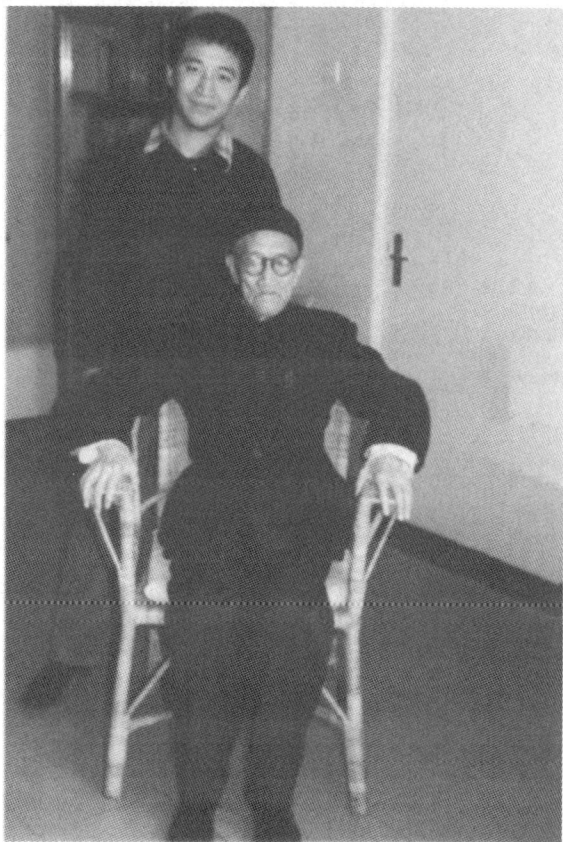

梁钦元与祖父梁漱溟

溟于北京协和医院去世，享年95岁。

梁漱溟一生育有两子，给孩子取名培宽、培恕，因为他认为"宽恕是我一生的自勉"。在和孩子的相处中，他全然信任孩子、尊重孩子，用自己的言传身教影响着子孙后代。在孙辈中，长孙梁钦元是和他相处时间最久的一位，得以直接见到他在日常生活中鲜为人知的另一面。著名心理专家梁钦元说："世人对爷爷为国、为民，敢于在任何场合、任何强大压力下坚持自己的原则和信仰并且寸步不让的言行已然多有所知，而在我眼中，爷爷就是一个温和、谦恭、宽容、特别亲切的平凡老人。"

宽放信任，是梁家人心中的"传承"

梁漱溟出生于1893年10月18日，他形容自己幼时是"既呆笨又执拗"，直到6岁，还不会自己穿裤子。有一天早上，母亲看到孩子们都起床了，唯独缺了梁漱溟，便隔屋喊他，问他为什么还不起床。他气愤地大声回答："妹妹不给我穿裤子呀！"此事一度被全家人引为笑谈。

即便梁漱溟觉得自己呆笨，但在父亲梁济面前，他却从来没有挨过打。在梁漱溟的眼中，父亲是个开明的人，他的视野极为广阔，他赞成变法，支持宪政。在梁漱溟学完《三字经》后，父亲就让他读一本叫《地球韵言》的书，内容多是介绍欧罗巴、亚细亚、太平洋、大西洋等地理知识，这在当时实属一件很不寻常之事。七岁的时候，梁漱溟被父亲送进北京第一所"洋学堂"中西小学堂，既念中文也学英文。

在家中，梁济对儿子梁漱溟的管教是宽放的，很少正言厉色地教育孩

子。梁漱溟记得在九岁的时
候，自己积蓄了很久才攒了一
小串铜钱，便拿在手里把玩，
玩着玩着就不知道把钱丢哪去
了，到处寻找都没有找到。想
到自己辛苦攒下的东西忽然不
见了，他越想越伤心，便在家
里哭闹不止，边哭边问："谁
拿了我的铜钱？"问得家里人
面面相觑。看没有人回答他，
梁漱溟心里便认定是有人拿了
他的钱，不敢承认。那一日，
梁漱溟把全家人闹得不得安
生，不过也没有得到那串

梁巨川先生像

铜钱的下落。第二天早晨，梁漱溟刚起床，父亲就来到床边，递给他一
张纸条，便不再说话了。纸条上有一段文字，大意是：一小儿在桃树下
玩耍，偶将一小串铜钱挂于树枝而忘之。到处向人寻问，吵闹不休。次
日，其父亲打扫庭院，见一串铜钱悬树上，乃指示之。小儿始知自己糊
涂，心生惭愧。看完父亲写的纸条，梁漱溟一溜烟跑到院中的桃树下，
果然看见自己的那串铜钱完好无损地挂在树枝上，想到自己昨日的吵
闹，他心里顿时充满愧疚。

　　一张小纸条便让梁漱溟自己认识到错误，父亲的宽放包容，深深地影响

着梁漱溟。在对待自己的孩子时，梁漱溟也持宽放引导 的态度。

梁漱溟长年为社会奔走，居无定所。1933年，梁漱溟到山东从事乡村建设研究，把家人接到山东邹平县安家。虽然他们住在县城，但是在那个年代却没水没电，更谈不上文化生活。大儿子梁培宽放学后便无所事事，有时和同学一起到河里玩水，或者几个孩子一起去空地上捉麻雀。刚开始，几个孩子还玩得不亦乐乎，时间一长，梁培宽就没有多大兴趣了，总想着找点儿好玩的东西玩。有一天放学后，他闲着没事便钻进了梁漱溟的办公室，看到父亲不在，便坐到父亲的办公桌前，摸摸这个看看那个，无非是些笔墨和资料。看到父亲的抽屉没有上锁，他便想着也许里面有好玩的东西，便拉开来一顿乱翻，然而里面除了书就是资料，哪有什么孩子玩的东西。

很快，梁漱溟回来了，看到儿子把抽屉翻得乱七八糟，他皱了皱眉，转身看到站在身边的梁培宽，沉着脸说："把手伸出来！"看到父亲一脸严肃样，梁培宽意识到自己犯了错，便乖乖把手伸了过去，低着头等待父亲的一顿打。没想到，父亲只是象征性在他的手心拍了三下，就让他出去了。惊讶于父亲没有责骂他，梁培宽出了办公室门便偷偷躲在一边，看到父亲将被他翻乱的抽屉一点点地整理。他摸着自己的手心，恨不得打自己几巴掌，父亲那么忙，自己还给他添乱，心里的愧疚感油然而生。从那以后，梁培宽再也不会随意去翻动父亲的东西。

在外人看来，梁漱溟对孩子有些宠溺。然而，梁漱溟却不那么认为，他只是对孩子的个性养成不多加约束。他在给儿子的信中写道："我的原则是：一个人要认清自己的兴趣，确定自己的兴趣。你们兄弟二人要明白我这个意思，喜欢干什么事，我都不阻拦你们的。"

1936 年在济南，梁漱溟与长子培宽（右）、次子培恕（左）合影

梁钦元的叔叔梁培恕曾说："我一生最大的幸福就是父亲听任我按照自己的兴趣去做事，他不管我。我不想上学了，要自学，一会儿说要当空军，一会儿说要去开火车，对我这些离奇的想法，父亲不指责，不阻止。他的学生都有点担心我，但是他泰然自若，认为我撞了南墙自己就会回来的。"

除了叔叔，梁钦元也听父亲梁培宽说过，在爷爷面前，父亲完全感觉不到精神上的压力。爷爷从不以端凝严肃的神气面对儿童或少年人。爷爷要是不同意父亲的做法，会让父亲晓得他不同意而止，从不干涉。

整日为国事忙碌的梁漱溟，只有寒暑假才能和孩子们团聚。那年寒假，梁漱溟在重庆，梁培宽放假后便到父亲那里团聚。有一天，梁漱溟正好有点空闲，便和儿子坐下来聊天，正说着话，门外传来邮递员的声音："梁培宽的信到了。"梁培宽很疑惑，他还是个学生，怎么有人给他写信？父亲也很奇怪。拿到信件后，梁培宽打开一看，是学校邮寄来的一张补考通知，地理59分，要他提前到校补考。看完信件后，梁培宽将信递给了父亲。父亲看了看，没有说一个字，又把信件折好装进信封里，递还给儿子。梁培宽看了一眼父亲，当时父亲的眼神是平淡的，但是他明白父亲的意思：考得不好应不应该？不及格的原因是什么？以后应该怎么办？这种事情你知道了就好，自己的事情应该自己负责。

父亲的不责骂，让梁培宽感受到父亲对他的期望和信任。在离假期结束还有十几天的时候，梁培宽主动赶回学校复习功课，在补考中考了一个高分。而且，那门课他再也没有考过不及格。

秉承父亲的治家理念，梁培宽对自己的孩子也比较宽和信任，偶尔还会向孩子"示弱"。梁钦元记得在自己上三四年级时，家中订阅了很多报刊杂志，闲暇时，父亲会坐在沙发上一一阅读，看到报纸、杂志上有些地名时，便会叫梁钦元帮忙，让他去找找这个地方在中国的哪里，有哪些风土民情等。梁钦元一听父亲求助于自己，自然兴冲冲地就去到处翻找资料，找到之后再认真地"教"父亲这些知识。那些寻找地名的日子，梁钦元最有成就感，他总觉得自己比父亲懂得多了一些，而父亲也乐意当儿子的"学生"，放手让孩子去寻找答案。在父亲有意识的培养下，梁钦元的地理学得越来越好。直到有同学向他求教怎么把地理学好时，他才恍然大悟，是父亲的"信任"让他学得如此轻松。

在父亲的"信任"中长大的梁钦元，对自己的女儿也毫不吝啬自己的"信任"。女儿上初中时，他就与女儿约定：每次考试的成绩，只要你不说，我们就不问，那是你的事，你是第一责任人。而女儿在这么宽松互信的环境下，从小到大一个补习班都没上过，后来考上了北京大学。

身为资深心理咨询师的梁钦元，还把梁家"宽放信任"的理念带到工作中。有一位朋友向梁钦元咨询，说儿子5岁，要做牙科手术。医生告诉他，有两种选择，一种是把孩子捆着不动，还有一种是打麻药，但可能对身体有伤害。这位朋友很纠结，就去问梁钦元："梁老师，你说怎么选？"梁钦元笑着说："你可以去问问你儿子，看他自己怎么选。""孩子那么小，哪知道选什么？"那位朋友有些疑惑。但是，结果出乎意料，他儿子的选择是："我不动，也不要打麻药。"手术做完后，这个小男孩一下手术台，就对他父亲说："告诉梁老师，我没有动。"听完孩子父亲的转告后，梁钦元很欣慰，是祖父和父亲深植在他心中的"信任"，让他为自己的事业负责，也对别人负责，这就是"信任"的力量。

他带孩子出去吃饭，只让孩子吃二两饭，喝半瓶奶。他说，不贪，就不会计较得失，就什么事情都能看得开

"不贪"是梁漱溟对梁家子孙的要求，看似简单的两个字，做起来却很难。他对孙子梁钦东说："不贪是根本，一切贪皆从身体来，有心、有自觉，即有主宰，为身体之主，自然不贪。"

梁漱溟这么教育孙子，自己也是这么做的。他吃饭，每餐只吃七八分饱，再好吃的菜从不贪吃；他喝茶，每次只放三四片茶叶，再好的茶叶从不多放。1948年前后，有一个朋友送给他一幅"扬州八怪"之首金农的画，梁漱溟题了字之后，就赠给了重庆的北碚图书馆。他认为，好东西不该藏起来，不要贪，而是应该给大家看。

谈起爷爷的"不贪"，梁钦元总会想起儿时和爷爷在一起的趣事。有一次，爷爷带着家里的4个孩子去公园玩，当时梁钦元才11岁，堂弟8岁，堂妹5岁，弟弟只有4岁。爷孙5人在公园里玩得很高兴，中午时分，爷爷带着他们下馆子吃饭，爷爷点了一些素食自己吃，又点了一些荤菜给孩子们吃。在点米饭时，爷爷就要了2两米饭。米饭端上来后，一人就盛了一小勺，饭盆就底朝天了，玩得又累又饿的4个小家伙根本就没吃饱。回到家里，4个小家伙看到奶奶，直嚷着："奶奶，好饿，中午没吃饱。"奶奶看着孙子、孙女，忍不住责怪爷爷："带孩子们出去吃饭，总得让孩子吃饱，看把几个小家伙饿的。"爷爷笑着说："小孩生病都是吃饱了撑的。七分饱，吃得慢，有节制才好。"奶奶一边摇头否认，一边去厨房忙活着，给几个孩子做吃的。

虽然每次和爷爷出去，几个孩子知道，饭桌上的米饭肯定不会超过2两，那一餐饭肯定又吃不饱，但他们依然乐意和爷爷一起外出。在孩子们的心中，爷爷的一言一行都是那么亲切，让他们想多一点儿时间和爷爷待在一起。

还有一次，爷爷带着梁钦元和梁钦宁出去玩，路过一家奶品店。看到两个孩子玩得满头大汗，便进去要了两罐酸奶和三根吸管。爷孙三人找了一张空桌坐下后，爷爷自己拿了一根吸管喝起酸奶，递了一瓶酸奶和两根吸管给两个孙子。按照惯例，梁钦元在酸奶瓶上插了一根吸管递给弟弟，自己拿着吸管在一边看着。不一会儿，弟弟喝了刚好一半的酸奶，便拿出吸管，将剩下的一半递给哥哥，梁钦元便把手里的吸管插进酸奶瓶中，喝剩下的酸奶。

按理说，爷爷宠爱孙子，肯定会一人一瓶。可这个爷爷倒好，自己喝一瓶，给孙子一人一半地喝。旁边有人说："你们家的孩子教育得真好，小的孩子喝奶，大的孩子看着。关键是，小的孩子还知道给大的孩子留一半。"爷爷笑了，说："小孩子嘛，脾胃都是吃坏的，不必贪。"

刚开始，梁钦元还不是很理解爷爷的"不贪"理论。随着年龄的增长，他渐渐明白了爷爷的心思。不贪，就不会计较得失，就会保持平和的心态，人就变得更宽容，什么事情都能看得开、看得远。

1966年，"文革"开始，爷爷未能逃脱被红卫兵批斗抄家的厄运。当时祖辈所传的字画、书籍，梁启超、蔡元培的信，齐白石的画等，或被充公，或被红卫兵就地焚烧，爷爷很少流露出"可惜之情"。但是在红卫兵烧家里的一本《辞海》时，他请求红卫兵不要烧，因为那是他向别人借的，要是烧了，他还不了别人就失信于人了。或许爷爷知道，当时任何反抗都是无效的，只有接纳和接受。爷爷这种"你们要做什么就做什么吧"的态度，反而避免了受到红卫兵的严重殴打。

后来，梁钦宁还充满好奇地当面向爷爷发问："爷爷，当时红卫兵抄咱家，您生气吗？"爷爷平静地说："不生气。"他立刻追问："为什么？"爷爷略带笑意地答道："他们都只是十五六岁的孩子，跟他们生什么气呀！"寥寥数语反映了爷爷在面对人生坎坷的时候，态度是如此平和、如此宽容，让孩子们不得不钦佩有加。

有人来访，不准穿拖鞋开门，梁家的孩子要从小学会尊重人

在梁钦元的心里，爷爷是一个和蔼的老人，但是也有严肃的时候。那是他上小学的时候，双休日基本上都是在爷爷家度过的。有一次，爷爷家的院门被敲响了，在屋里听到敲门声的梁钦元，穿着拖鞋就急着要去开门，心里想着也许是哪个小伙伴来找自己玩了。正准备冲向院门的时候，爷爷出来了，大声制止道："去换鞋，穿拖鞋开门是对客人的不尊重。"

被爷爷喝止，梁钦元只好乖乖去换鞋开门。那以后，梁钦元听到敲门声，第一反应不是开门而是换鞋。那时小，他觉得爷爷有些小题大做，长大后才知道那是爷爷把一颗"尊重"的种子埋进了他心里，让他时时刻刻举止得体。

后来，大学毕业了，梁钦元被分配到离爷爷家不远的地方工作，每天下班后便去爷爷家陪着他聊工作、聊生活。

由于爷爷常年吃素，所以，虽然他对饮食的要求极低，但用餐时须为他单做素菜汤肴。用餐时，儿孙辈和保姆所需的荤素菜肴与他的素菜同摆在一张餐桌上，各吃各的。

梁钦元记得，在1984年3月的一天，他下班后，便回到爷爷家。晚饭时，他和爷爷、保姆三人一同吃。桌上的菜肴很简单，如同往常一般，梁钦元边吃边和爷爷讲述着自己的工作情况，并有意放慢自己的进餐速度，以陪伴爷爷。尽管如此，年轻的他还是先于爷爷吃完了。不过，梁钦元放下了碗筷却未离开餐桌，仍旧坐在爷爷的旁边。不久，爷爷也吃完了饭菜，只见他拿起汤匙，舀了一点儿保姆专为他做的青菜汤。他抿了一小口后，语气平和地对保姆说："请你往这汤里加一点儿开水。"保姆边起身去拿来暖水瓶，边嘟

囔着："好好的汤，非要加什么水啊？"她往那菜汤里加一点儿开水，就又坐下来继续吃饭。

对爷爷要求往菜汤里加水，梁钦元也有点诧异，那菜汤看起来已经很清淡了，再加水，怎么喝呢？只见爷爷又缓慢地舀了半汤匙那已加过了一次开水的菜汤，小啜了一口后，他又对保姆说道："还得请你再往这汤里加些开水！"保姆脸上的不悦更明显了，声调也高了许多："老先生！好好的汤老是加开水，就不好喝了！"爷爷没有说话，依然面色安详，用很和缓的手势指着那碗青菜汤，示意她加开水。保姆很不情愿地再次起身，又加了些开水进去，一边高声地说："不好再加水了，老先生！再加水的话，还不如直接喝开水呢！"爷爷并未理会，而是再次用汤匙舀了一点儿被开水稀释了两次的青菜汤。坐在餐桌旁的梁钦元既对爷爷的要求感到很奇怪，又对保姆态度很不满。但始终没有吭声，他只是听着、看着……

爷爷喝下了加过两次开水的青菜汤后，再次语速平稳、语调平和地对那位保姆说："还得请你再加些开水。"这次保姆终于按捺不住了，她并没有去拿开水瓶，而是拿起一只汤匙，一边直接舀了一些后放入自己嘴里，一边说："今天老先生您是怎么啦？老是要加开水，把汤都搞成开水了。"当她刚刚把那勺专为爷爷做的青菜汤喝下去时，就大叫起来："哎呀，咸死人啦！"听到这些话，梁钦元当时就愣在那里了。而爷爷却依然很平静地不动声色，缄默不语。保姆立刻起身，懊悔地说道："肯定是我糊涂了，往汤里放了两次盐。可是、可是……"她的语调已完全变了，全然没有此前的那种抱怨、不满，反而深感不安："老先生啊，您怎么就不说，这汤喝不得呢！"

此时，爷爷却缓缓地说道："你并不是有心的。把汤倒掉，又太浪费了，毕竟是你辛辛苦苦做的。我只想加些开水，把它喝下去就是了。" 保姆满心愧疚地坚持要为爷爷重新做一碗汤，却被他老人家制止了……

从那之后，那位保姆在为爷爷做好菜肴后，都主动地先自己品尝过咸淡后，才端来给他。每当回忆起有关青菜汤的情景，那位保姆都感慨地反复说："老先生人太好了！"后来那位保姆离开了，虽然她不识字，但她数次主动托人写信问候爷爷的近况。

那个晚上，在餐桌上，梁钦元一句话都没有说，但是爷爷对他的教益至今仍绝非言语所能表达。尤其是近年来，梁钦元从事心理咨询工作，每当他

1986 年重阳节全家合影

面对棘手问题和来访者，总能想起那碗咸得难以下咽的青菜汤。他对爷爷当时的态度和做法的理解就更深入了！

爷爷虽然只是不停地请保姆往青菜汤里加水，但绝非简单的"忍为高"的态度和做法，不把汤倒掉，体现的是对保姆劳动的尊重。他坚持了"始终面向问题的解决"的坚定态度，令梁钦元深受启迪和触动！

其实，早在20世纪30年代，梁漱溟就指出："人不感觉问题，是麻痹；然为问题所刺激，辄耐不住亦不行，要将问题放在意识深处，而游心以远，从容以察事理，天下事必能了解他，才能控制他。"正因为他一生始终如一地坚持"行其所知"，所以，他才能够坚持"始终面向问题的解决"的诚恳态度与做法。

1988年，爷爷因肾衰竭住院。他认为佛家对生命的态度是"不求生，不求死"，顺其自然。5月11日，他把梁培宽叫到床侧，示意有话要说。他说："人的寿命有限。医生治得了病，治不了命。我的命已经完了，寿数就这样了。"梁培宽问他还有什么要交代的，他只坦然说："火化。"

1988年6月23日，梁漱溟的人生大幕徐徐垂下，享年95岁。他弥留之际说的最后一句话是："我累了，我要休息……"

谈到爷爷的离世，梁钦元沉默了许久，似乎沉浸在那些美好的回忆之中。不管在大众眼中爷爷是如何特立独行，在他的眼中，只买2两米饭的爷爷都对孙儿们有着一份独特的爱，深沉、朴实！

倾谈六　教育大师叶圣陶：身教永远重于言教

叶圣陶，原名叶绍钧，1894年10月28日生于江苏苏州，现代作家、教育家、文学出版家和社会活动家，被誉为"优秀的语言艺术家"。他主张规范现代汉语，包括规范语法、修辞、词汇、标点、简化字和除去异体汉字，提倡使用白话文，编写和审订了《新华字典》。叶圣陶育有两子一女，分别取名：至善、至美、至诚。虽然工作繁忙，但孩子的早期教育，叶圣陶一直亲力亲为。他说："在各项教育中，家庭教育是最初最基本的一项，家庭教育是基础，基础打得好不好，跟以后各项教育的效果大有关系。"除此之外，叶家"永不自满"的家风，影响了每一位后人。

教育大师叶圣陶

　　"对婴儿和孩子负有教育责任的，当然是父母。做父母的倘若没有好的教育，也没有可以改正的不好的教育，只是不教育，就是一个重大的错失。"

1894年10月28日，叶圣陶出生于苏州悬桥巷。他的祖辈并不是文化人，而是从事猪行和贩丝绸生意的商人，但生意做得很大，曾在当地显赫一时，后来在战火中败落。等到了叶圣陶父亲叶钟济这一辈，日子已举步维艰，全家人仅靠父亲给人做账房先生维持生计。虽是老来得子，但父亲对叶圣陶的教育却很严厉，不管多累多忙，对于孩子幼年性格、习惯的养成，父亲从不假手他人，总是以身作则，给孩子做榜样。

苏州是个历史悠久的古城，有许多唯美动人的传说。只要有空，叶圣陶就跟着父亲一起外出逛街。路上遇到古井、庙宇，父亲都会一一告诉他出处和典故。父亲说的大多是一些善良友爱、仁心仁义的童话故事，他想用讲故事的方式，在孩子心中种下"孝道"和"仁心"的种子。叶圣陶稍微大点儿之后，父亲便让他学习写文章。而素材的来源，都是父亲带他听的书和昆曲。

一次，父亲忙好了，牵着叶圣陶的手说："走，今天带你去听《水浒传》。"叶圣陶跟着父亲一起来到了茶馆。底下人很多，位子几乎已经满了，怕影响别人，父亲带着叶圣陶坐到了边上。有一位老朋友看见了，硬是要把位置让给他们，被父亲婉拒了。坐在后面听不太清楚，叶圣陶就对父亲提出，想去前面听。父亲对他说："别人听得正起劲，这时候我们走来走去，不仅影响大家，也是对台上说书先生的不尊重。"

在父亲的有意培养下，叶圣陶性格开朗、爱看书，对此父亲很是欣慰，找来很多不同领域的书籍给他看。1907年，叶圣陶考入草桥中学；1916年，进入上海商务印书馆附设尚公学校执教，也就是在这一年，他和妻子胡墨林组建了家庭。胡墨林，浙江杭州人，比叶圣陶大一岁，1914年从北京女子师范毕业后，在南通女子师范当教员。两人是听从父母之命媒妁之言，结婚前没有见过面。但结婚后，叶圣陶感慨这是一段"中了头彩的婚姻"，他和妻子一生相伴，情比金坚。1917年，叶圣陶应聘到直吴县县立第五高等小学（现在为叶圣陶实验小学）任教。

1918年4月24日，大儿子叶至善出生，小名"小墨"。和自己的父亲一样，叶圣陶对儿子也非常疼爱，但他知道，在孩子还没有正式受教育之前，父母给他的教育尤为重要。叶至善六七岁的时候，特别调皮，对一切都充满好奇。一次，他见厨师用刀把鱼肚子剖开，觉得很好玩，便自己捉来一只小虾，尝试着用刀子去剖虾背。可是小刀很钝，虾子被剁成了几截，他自己还玩得不亦乐乎。叶圣陶见到后，把孩子拉到一边对他说："你把虾子剁成了这样，它妈妈怎么找到他呢？"听父亲这么说，叶至善手足无措地站在那，小声问："虾子也有妈妈吗？""当然，它不仅有妈妈，还有爸爸，还有爷爷奶奶，也有一个大家庭，可因为你，它们家失去了一个成员。它妈妈找不到它多可怜。"听父亲这么说，叶至善羞愧极了，拿着小虾眼泪滚滚而下，然后跟父亲道歉道："爸爸，我错了，我不该这么残忍，下次再也不会了。"

过了一段时间之后，叶至善和父亲去河边玩，别人送了他们几个小蚬。见小蚬这么小，叶至善对父亲说："爸爸，我们不要玩它了，让它回去找妈妈吧，妈妈如果找不到它，肯定特别着急。"叶圣陶笑着摸摸孩子的头："你能如此想，爸爸很高兴。"父子俩把小蚬放回了河里。叶圣陶常说，父母的教育从来不是一蹴而就的，也没有什么确定的办法，它总是融入到生活当中，一点一滴都是教育，点滴教育好了，孩子自然明白事理。

　　1922年4月20日，叶圣陶有了女儿叶至美。叶圣陶很疼这个唯一的女儿。五岁时，叶至美迷上了各式各样的花布，喜欢拿剪子给自己做衣服。虽然不会做，家人也不敢让她多拿剪刀，可逮着机会，她就会像模像样地拾弄起来。叶圣陶知道后，买来了一块漂亮的红花布，照着女儿身上比划着说："你不是喜欢做衣服吗？今天咱们俩一起做。"说完，父女俩就忙开了，你一剪子我一剪子地裁剪起来。本来想做一件长袖裙子，可到后来却成了一件无袖裙。叶圣陶见了，十分满意，夸女儿穿了好看。

叶圣陶和三个子女合影

　　正是父亲这种身教的教育方式，让孩子们都很喜欢亲近他，也都愿意跟他聊天。四年后，叶圣陶又有了小儿子叶至诚。而此时的叶圣陶，已经成为一名作家，他和周作人、沈雁冰、郑振铎等人发起成立"文学研究会"，又与胡愈之等人创办《公理日报》，之后进入商务印书馆从事编辑出版工作，发表了长篇小说《倪焕之》。1930年年底，叶圣陶应"开明书店"创办人章锡琛邀请，辞去商务印书馆的职务，到开明书店任编辑，主编《中学生文艺》和《中学生》杂志。全家人从苏州搬到了上海。

"凡事都要换个角度去思考，你喜欢的不一定就是别人想要的，而我们为人处世，要把别人放在第一位，这样我们说出去的话、做出来的事，才能无愧于心。"

到了上海后，叶圣陶的工作更忙了，而三个孩子也已慢慢长大，有了自己的想法和主见。叶圣陶总教育孩子们："话要好好说，事情要好好做。"在大事上，叶圣陶总让孩子自己拿主意，而小细节方面他也特别看重。

在幼子叶志诚的心里，父亲唯一一次对他说狠话，是因为一支笔。那天，父亲正在做事，便随口让小儿子把笔递给他，叶至诚也没多想，就把笔头朝外递了过去。哪知，叶圣陶一拿，抓了一手的墨水。当时，他就语气严厉地训斥了孩子："你拿笔给人家，肯定应该把笔柄朝着人家，不然别人抓着一手的墨水，多不好。同样，以后递剪子、递菜刀给别人也是如此，刀柄对着别人，这样才安全。"叶至诚听了直点头。

长子叶至善上中学时，成绩一度很差。这所中学教学严谨，而叶至善性格活泼，不喜太受约束。叶圣陶考虑着把孩子转去宽松一点儿的学校上学原本就是件不轻松的事，何必让孩子思想上还有那么多负担。妻子胡墨林知道后，不太同意："至善好不容易考上了这所学校，别人想进都进不来，老师管教得严，也是对孩子好。如果让孩子转学，还是不适应怎么办？难道再转？"叶圣陶笑了笑，劝妻子："换位想想，如果把一只渴望飞翔的鸟整天关在笼子里，能开心吗？我们虽然是为人父母，但也要站在孩子的角度去想问题，他不开心，他想换个环境，我们就要想办法去帮助他解决这个问题。"后来在父亲的坚持下，叶至善转到了一所私立学校。果然，他的学习成绩好了很多，整个人也开心不少。

几个孩子逐渐大了，主动要求跟着父亲叶圣陶学写文章。恰好当时叶圣陶主编的《中学生》也需要一些孩子的声音，便让几个孩子尝试着写写。

每天晚上，父亲开始改稿了，兄妹三个便主动把自己的纸笔拿出来，跟着一起围坐在书桌旁。你写你的，我写我的。孩子所识的字原本就不多，东写一句西写一句，稿纸很快就面目全非，不仔细看根本看不出一个完整的句子。叶圣陶见后，细心地帮助他们改正过来，并且让他们重新誊写一份。

叶至美很不理解，问父亲："为什么还要重新抄写一份，直接给编辑审核不行吗？"叶圣陶说："编辑每天要看的稿子有很多，如果每个稿子都像你们这样，编辑看到什么时候才能看完，不仅耽误他们的时间，也会让他们眼睛很累。既然我们能做好，为什么不节省一点别人的时间呢？"兄妹几个听从了父亲的话，每篇稿子写好改好后，都老老实实地誊写一份，直到没有一点错误，通篇上下干干净净才作罢。

叶至善曾在兄妹三人合作出版的集子《花萼》中描绘过这样一个场景："吃罢晚饭，碗筷收拾过，植物油灯移到了桌子的中央，父亲戴起老花镜，坐下来改我们的文章。我们各据桌子的一边，眼睛盯住父亲手里的笔尖儿，你一句，我一句，互相指责、争辩。有时候，父亲指出我们可笑的谬误，我们就尽情地笑了起来。每改完一段，父亲就朗诵一遍，看语气是否顺适，我们就跟着他默诵。我们的原稿好像是从乡间采回来的野花，蓬蓬松松的一大把，经过了父亲的选剔跟修剪，插在瓶子里才像个样儿。"

1937年，"七七"事变爆发，叶圣陶带着家人来到了重庆。"开明书店"当时正在复建，叶圣陶无事可做，长子叶至善和女儿叶至美在上中学，小儿叶志诚在上小学，到处都要花钱。为了养活一家人，叶圣陶又重新当起了老师，在重庆巴蜀学校教国文，在国立戏剧学校教写作练习，在北碚复旦大学教文法、修辞和写作。三个地方的月薪加起来刚好100元。为了让全家人都能吃上饭和蔬菜，每天胡墨林想着法子把青菜切碎了和米饭一起煮，煮成很稀的粥，每人喝一碗，稍微能抵挡一些饥饿。

日子如此艰难，叶圣陶却不忘用自己手中的笔去抗战救国。他到了重庆之后，帮助谢冰莹创办了重庆《新民报》副刊《血潮》。1938年3月27日，中华全国文艺界抗敌协会在武汉成立，叶圣陶为大会主席团成员。他尽自己最大的努力，为抗战奔波。

1945年，叶圣陶一家人才重新回到上海。同年八月，在父亲的建议下，叶至善到开明书店做了一名编辑。当时他应该有更好的工作选择，可是受父亲影响，他果断地接过了父亲手里的笔杆子，投入到了文字的工作中去。

"做人做事，永不自满，才能进步，时时知道自己要做什么，该做什么，才能定下心来，不受别人影响。"

1947年9月16日，叶
至善有了女儿叶小沫。
此时，叶圣陶的三个子
女都已先后成家，也有
了自己的孩子。叶圣陶
把全部的爱都寄托在了
孙辈身上。受父亲和爷
爷的影响，叶小沫从小
最爱写作文。那时候父
亲工作比较忙，而爷爷
叶圣陶刚好在家里改全
国中小学生的课本。叶
小沫写好了文章就拿去
给爷爷看。有时她觉得

叶小沫和父亲、爷爷合影

自己写得挺好的，可爷爷总能指出很多不好的地方，或者需要改进的地方，
短短的文章画满了圈儿。爷爷时常督促叶小沫，把之前改过的文章多拿出来
看看，这样才能进步，才不会忘记。

　　1967年12月8日，20岁的叶小沫响应国家号召，到黑龙江生产建设兵团
当了一名"农垦战士"。之后，生产队建了一所村小，叶小沫便在那里当了
一名老师。孤身在外，叶小沫感到无比孤单寂寞，她开始给家里写信，写的
最多的就是给爷爷的信。在信里，她跟爷爷谈了很多自己的想法和目前的状
态。每一封信叶圣陶都会仔细看，然后耐心地回复。

1970年3月28日，叶小沫收到了爷爷的回信："来信里有少数错字。写错一个字，没多大关系，何况看信的对方看了也能理会意思，似乎写错和不写错一样。但是我以为，写了错字叫对方自己去捉摸，叫对方多动脑筋，这不好。万一对方不能看出来，意思就模糊了或弄错了，这更不好。所以无论写信或写旁的东西，字总要写'准'，这也是一个有关群众观点的问题。再说，你是当教师的，教师教学生总不该教错字。现在提起你注意，你每天总要写黑板吧，黑板上写的有没有错，不妨仔细回想一下，往后总要期望做到一个字也不写错。"

每次收到孙女的信，遇到错别字，叶圣陶都会从他桌子的台历上撕下已经翻过去的那张，在背面把孙女信中写的错字挑出来写在上面，还要写明这个字错在哪里，应该怎么写，在回信的时候把这张台历纸寄给叶小沫。

有时候叶小沫粗心大意，对于爷爷指出的问题，往往一眼带过，并没有给予太多重视。一次，爷爷在回信中鞭策他："你把'目的'硬要写成'目地'，可见你已经错成了习惯，经我指出了，仍旧没有自己提起警觉，注意改掉这个坏习惯。你写信写到末了，说 '错字还少不了吧'，可见你没有这份耐性，把写好的信从头到底看一遍，看有没有说得不妥的话，有没有写错了的字。"叶圣陶总是叮嘱孙女，不管做人做事，都要永不自满，当老师也一样，要想尽办法把学生教好，这样才能时时保持进步。

从黑龙江回来后，叶小沫当了一名工人。1977年，《中国少年报》筹备复刊，叶小沫幸运地被报社录取，成为一名科普编辑。《中国少年报》的科普版是给孩子看的，涉及面非常广。叶圣陶知道后，主动找到孙女，再三告诫她："不懂就问，不会就学，要不断充实自己。如果知识不广博，很多稿子就没法下手处理，一旦处理不当，会把错误的信息带给孩子，那样就不好了。"

一次，叶小沫去河北遵化采访，采访了11位倡议保护益鸟的小同学，回去后写了一篇报道。原文是："照着信封上的地址，我来到河北省遵化市夏庄子公社马坊岭小学，找到了这11位'小淘气'。说他们淘气，是因为他们都喜欢玩鸟……"爷爷看到后，对叶小沫说："'说他们淘气'和前面一句'找到了这11位小淘气'，都是你自己的想法，你主观上觉得他们淘气。也许这些孩子不是淘气，而是有自己的想法呢。所以这么写不合适，你得多听听孩子的想法，而不是把自己的主观臆断强加在受访者身上。"

在爷爷的监督下，叶小沫一直努力地把编辑工作做到最好。她先后担任《中国少年报》科普版的编辑部副主任、编辑部主任，中国儿童画报《宝葫芦》画刊主编，中国科普作家协会会员；她和哥哥三午一起创作的科学小说《梦魇》，曾获得宋庆龄基金会儿童文学银奖和全国科普创作一等奖。

1988年2月16日，叶圣陶在北京去世，享年94岁。叶圣陶的三个子女中，长子叶至善当了一辈子编辑；女儿叶至美和小儿子叶志诚虽然没有终生从事编辑工作，但叶至美多年做电台英文翻译工作，叶志诚是职业编剧，后来又任文学刊物《雨花》主编，一辈子没有停止写作。三兄妹曾一起合作出版过《花萼》和《三叶》。而叶家孙辈中，从事文字工作的更是不在少数。叶圣陶去世后，叶家的每一个人都谨遵他遗留下来的精神财富，一直兢兢业业工作，踏踏实实做人。

倾谈七　我的公公潘天寿：做人就得老老实实

潘天寿，现代国画大师、美术教育家，一生积极从事艺术创作和艺术教育工作，为捍卫传统绘画的独立性竭尽全力，并且形成了一整套中国画教学体系，为培养美术人才作出了可贵的贡献。潘天寿一生勤勉不辍，留下画作无数，如今成为浙江宁海潘天寿美术馆镇馆之宝的《耕罢图卷》是他1949年所作，专家估价已过千万。

潘天寿先生于60年代末

潘天寿育有三女两子，幼子潘公凯是五个子女中唯一一位衣钵传人。潘公凯走上绘画之路，与父亲没有直接关系，他甚至一笔都没有被父亲教过，可父亲"老老实实做人"的精神却深植在他的心中，影响着他的生活与家庭。潘公凯的夫人励国仪说，在婆婆、爱人的身上，公公的影子随处可见，老实做人就是公公留给他们的传家宝。

膝盖上打着大补丁，和同学一起吃没有油水的菜，这就是院长的儿子

1948年，励国仪出生在上海，在家排行老三。自幼，励国仪就是个各方面都很出众的女孩，除了功课好之外，她还是国家少年级体操和游泳运动员。

1964年秋，校址在杭州的浙江美术学院附中（现为中国美术学院附中）到上海招生，当时只在上海地区招收十名学生。聪颖的励国仪考上了这所学校，正式入读美术专业，学习素描和中国画。

开学不久，班里的一名上海女孩就偷偷告诉她，同班的潘公凯是美术学院院长的儿子。听到这个小道消息，励国仪瞪大了眼睛，那个不怎么爱说话，穿着干净整洁、缀满补丁衣服的男孩竟然是院长的儿子？

"不可能，你肯定弄错了。"励国仪立马摇头否定。在她的想象中，院长的儿子在附中肯定是风云人物，肯定不会和她们一样穿打补丁的衣服，可那个叫潘公凯的男孩穿的衣服不仅打了补丁，还洗得都泛白了。

很快，班里的同学渐渐熟络起来，励国仪才知道原来那个有些木讷、裤子的膝盖上永远打着大补丁的男孩真的是院长的儿子。

或许是惊讶于潘公凯的朴实，励国仪的眼睛总是不自觉地就追随着这个有些帅气的男孩。那是一个物资匮乏的年代，学校食堂的伙食9.5元一个月，很差，早餐是稀饭和咸死人的酱菜，午餐和晚餐都是见不到半点儿油珠子的

青菜、萝卜之类的素菜。唯一一道让学生望眼欲穿的菜就是豆腐肉丝，星星点点的肉丝夹杂在大块的豆腐里，成了学生们争相寻找的一点荤腥。

当时，附中的学生来自全国各地。住在本地的学生和家里条件好的学生一到休息日，要不就赶回家开小灶，要不就去外面的小餐馆加餐。食堂里的饭菜实在是没有油水，而这些处于青春期的学生们正在长身体，熬不下去！

励国仪家里的条件一般，只能和大多数学生一样，在食堂里熬着。不过，她发现，除了她们这些条件一般的学生，还有一个和她们"同甘共苦"的人，就是时任班长的潘公凯。家就住在附中旁边的潘公凯休息日基本不回家，吃住都在学校。

"院长的工资肯定是学校最高的，按说潘公凯家的条件不差，他怎么和

潘天寿在华侨饭店作大画（摄于 1964 年）

我们一样，吃着像掉进盐罐的酱菜，是不是院长不让他回家？这也太严厉了吧！"室友一边扒拉着酱菜，一边自言自语道。

励国仪点点头，表示认同室友的说法，在他们这个年纪，谁不想吃好穿好？肯定是家里的原因。然而，励国仪很快就否定了自己的判断。

在励国仪的想象中，院长一定是梳着油光的头发，穿着笔挺的西装，看起来很光鲜照人的。那天上体育课，有一位老者经过操场，班里眼尖的同学喊道："看，那就是院长潘天寿。"

一身洗得褪了色的蓝色长工作服，干净简单，完全颠覆了励国仪脑海中院长的形象。看着院长笔直挺拔地穿过操场，励国仪瞬间明白了潘公凯的朴实，身为院长的父亲如此对待自己，还需要去严厉地教导子女该如何做吗？

在附中待得久了，励国仪才知道，潘天寿的朴素在整个学院是出了名的。有一次，潘天寿下午下班，站在门口和当值的门卫聊了会儿天，两人都穿着蓝色工作服。正巧一个人来找潘天寿，那个人不认识他，看到他穿着一身泛白的很旧的工作服，以为他是门卫，便问他去潘院长的办公室该怎么走。听完问话，潘天寿和门卫都乐了，让来人感到丈二和尚摸不着头脑。后来对方搞清楚状况后直摇头，笑称，想不到大名鼎鼎的潘院长如此简朴。

虽说潘家对物质要求很低，但是对待学生绝对实在。和励国仪同去附中上学的一名男同学，因为身体不好经常拉肚子，需要煎中药吃，但学校宿舍内是不允许熬药的。潘公凯知道后，立马拉着同学去他家煎药。"院长家里充满了书香味，简单但让人觉得很温暖。潘妈妈不仅漂亮，人也特别好，我每次喝完中药，嘴巴特别苦，就想吐出来。你们猜，潘妈妈会给我一种专治苦药的良方，是什么？"那位同学第一次煎药回来，神秘地向大家透露"情报"。

"好甜好甜，带着母爱香味的糖果。"那位同学在大家的催促下，解密道。听到"糖果"两个字，大家两眼放光，恨不得立刻生病，去潘公凯家熬药吃。那个年代的糖果不亚于现在的进口巧克力，条件一般的人家也只在过年时拿出来招待人用，平时哪会舍得让孩子们吃。

自己穿旧衣服，却舍得拿出糖果给生病的学生吃，这是一个什么样的家庭？对潘家的好奇如同潘多拉盒子，一旦打开便忍不住要去探究。

那天，班里临时通知要开会，潘公凯正好有事回家了，班里一个上海女孩和励国仪一合计，觉得这是一个探秘潘家的好机会。两个小女孩便借着这个理由兴冲冲地来到潘公凯家的门外，敲开门后，潘公凯一看是同学，转身便进了屋，也没请两人进屋坐坐。励国仪和女同学也不好贸然跑进去，只好站在门外向里张望，隐隐地她从里间一个半掩的房门看到一个高瘦的身影，似乎是潘天寿，好像在桌前作画。正想看个明白，潘公凯端着两杯白开水走了出来，在潘家的院子里，他听完两人找他的事后便将励国仪她们送到门外。

"真小气，都不请我们进去坐坐，白跑一趟了。"女同学抱怨道。"我好像看到院长在作画，可能不希望别人打扰吧。"励国仪替潘公凯辩解道。也许就是从那时，"朴实、低调、对同学很有爱心"的潘公凯渐渐俘获了励国仪的芳心。

无论你画出什么样的画，他总是告诉你："画得不错，继续努力。"

开学几个月后，励国仪被推选为副班长，和潘公凯经常就工作上的事进行交流沟通，两人渐渐成了无话不谈的好朋友。而励国仪在和潘公凯的聊天

中，越来越多地了解到潘家的
事情。

　　潘公凯是家里最小的孩
子，上面有三个姐姐和一个哥
哥，他出生时，父亲潘天寿已
经年过半百。潘家的五个孩子
中，只有潘公凯真正投身于艺
术，成了父亲的衣钵传人。起
初，励国仪以为潘天寿老来得
子，肯定很偏爱这个幼子，所
以才让他继承了自己的事业，
然而，潘公凯却告诉励国仪不
一样的真相。

潘天寿与潘公凯 1961 年摄于杭州灵隐

　　虽然潘天寿的国画画得大
气磅礴，却没有感染自己的五个孩子，潘家的孩子都对自然科学、建筑学等
理工科知识特别感兴趣。潘公凯读初中时，就能独立组装一台复杂的万用电
表，家里的几个孩子还喜欢在一起叽叽喳喳地捣鼓飞机模型、航空模型等小
东西。潘天寿知道后，也不说话，只是微笑着看着孩子们手中做好的模型，
偶尔还会摸着孩子们的脑袋，点点头表示赞赏。也许是父亲这种无声的鼓
励，让几个孩子对数理化知识越发感兴趣。

　　那时潘公凯在杭州第四中学读初中，无意中参加了学校的一个绘画兴趣
小组。从没有拿过画笔的他竟然每次都画得很不错，让美术老师感到喜出望

外，觉得他是一棵学绘画的好苗子，于是瞒着他自己掏了5毛钱的报名费给他报了浙江美术学院附中。报过名后，当老师告诉他这个消息时，潘公凯惊讶得连说："老师，我真正想学的是理工科。"

"你的画画得不错，为什么不尝试一下呢？"老师劝说道。

看到老师自费给他报名，潘公凯也不好意思再推辞，只好很不情愿地上了考场，没想到竟然考了第一名。

"小时候，看到父亲在书房作画，认真严肃，有时我会调皮地把门开个小缝，偷偷朝里张望，时常会被父亲大手笔作画的气势震慑到。有时，趁父亲不在，我还会偷偷溜进书房，看父亲放在书桌上还未完成的画作，大幅的笔墨让我看得浑身充满力量。或许是受到父亲画作的熏陶，我渐渐对画画有了感觉，那种感觉可能是潜意识里的，只是我自己并不知道。"后来，潘公凯对自己考附中得了第一名是这样解释的。

当时上附中，潘公凯有些遗憾自己没上理工科。为了说服他，校长亲自来到潘家，找到了潘天寿，希望潘公凯能去学绘画。从没教过孩子画画的潘天寿没想到儿子的画竟然得到学校如此重视，不住地点头称好。

校长走后，潘天寿把儿子叫到书房，和蔼地说："学不学美术，全凭你自己的兴趣。任何人的成长都应该有自己的空间，要根据兴趣爱好去选取未来的路。你要对自己的选择负责，如果你想去学美术，我挺高兴的，我所有的书你都用得着，你都可以拿去看。但有一点我想告诉你，做人必须老老实实，作画既要老实又不能老实。"看到儿子疑惑的神情，潘天寿拍了拍儿子的肩膀，说："作画要老实，是要功底扎实，不能投机取巧，到处去复制别人的技法和语言；作画又不能老实，要有自己的见解，否则就没有艺术性，就像大土豆生出的小土豆，毫无个性可言。"

父亲的"老实"理论，让潘公凯有了想要去学画画的想法。本来以为走上了父亲曾经走过的路，会得到父亲的些许指点，可潘天寿除了提供书给儿子看之外，一笔一画都没有教过潘公凯，也不让他临习自己的画，只让他跟着学校的教学进度走，自己去揣摩和练习。偶尔看到父亲回来，潘公凯会小心翼翼地拿着自己的画请父亲指导，然而每次父亲都会说同样的一句话："画得不错，继续努力。"次数多了，潘公凯也不再问了，因为父亲已经教会他"自信"，而他要做的就是老老实实地练习作画。

对于潘公凯的经历，励国仪深有感触。

那是一个秋日的午后，励国仪一个人在教室里画素描，是一幅人物头像。画好后她左看右看总觉得眼睛画得没有神采，便捏起画纸的两个角，拎起来远远地仔细观摩。这时，一个人走进了教室，她仔细一看，是院长潘天寿。看到励国仪在作画，潘天寿便走过来拿过那幅画。励国仪吓得不敢直视潘天寿，低着头等着院长的严厉批评。在她心里，潘天寿的画可是大家之作，而她这个刚入门的学生的作品肯定不能入他的眼。然而，出乎励国仪的预料，潘天寿看了一会儿后，很和蔼地对她说："画得不错，这个人物形象画得很好，继续努力。"潘天寿放下励国仪的画作后，走出了教室。看着潘天寿越走越远的身影，励国仪看了看桌上的那幅画，心里充满了自信，她突然觉得这个人物的眼睛还是很有神采的。多年以后，在美术界已小有成就的励国仪每次回想起那幅画，心里都是满满的感动，其实那幅画画得真不怎么样，可潘天寿那么真诚、那么实在的赞赏却让励国仪对自己的画信心倍增。带着这样的自信，她越画越有劲，也越来越喜欢人物画。如今，励国仪画笔下的人物一颦一笑、一动一静之间，均生动并富有韵味。

老实做人、实在对人，是公公留给他们的传家宝

1966年，"文革"爆发，潘天寿成为浙江美术学院第一批被批斗的对象，作品被列入黑画名单。而浙江美术学院附中的教学基本处于瘫痪状态，励国仪等人便去校外作画。

宁海潘天寿出生地故居

1969年年初，身体日渐衰弱的潘天寿被押到家乡浙江宁海游斗，在返回杭州的列车上，他在一张香烟壳纸背面写下人生的最后一首诗："莫此笼絷

狭，心如天地宽。是非在罗织，自古有沉冤。"回到杭州后，潘天寿再也提不起笔了，他的病情急速加剧。

1969年秋，励国仪和潘公凯从附中毕业。励国仪被分配到温州地区的乐清县，在乐清花边厂从事台布、床单等出口用品的设计工作。潘公凯因为家庭原因被分配到温州地区更为艰苦的文成县，在县文化馆从事宣传工作。两个年轻人一年只有十几天的探亲假，便约好时间相聚，励国仪总是第一站就去看望潘天寿。

有一次，得知卧病在床的潘天寿患有严重血尿，她听工友说民间利尿的方法就是吃西瓜，可那时各地的食品都很匮乏，就是买白糖都要开后门。励国仪便从温州乐清托人买了一个十几斤重的大西瓜，坐火车带到杭州潘家。潘天寿知道后，神情顿时似孩子般开心，对夫人说："这是我生平吃过最甜的西瓜。"虽然励国仪不知道那个西瓜是不是真的甜，但是她在未来公公的身上，却明白了一个道理：对待那些真心帮你的人，一定要实在。

1970年冬，潘天寿病情加重，住进一家中医院。潘夫人悲痛欲绝，在丈夫病床边水泥地上铺了一张草席，权作床铺，日夜护理丈夫。1971年9月5日天亮前，潘天寿在冷寂黑暗中长辞人世，享年74岁。潘天寿离世后，他夫人的精神状态很差。为了能让潘夫人安心，励国仪和潘公凯于1972年在温州文成县领取了结婚证，回杭州办了桌酒席，就又赶回温州各忙各的工作了。

那天，励国仪休假，陪着婆婆一起整理家里的一些旧东西。在家里最里间的一个小屋子里，堆放着半屋子大小不一的旧家具，有大衣柜、斗柜、单门的小柜子，还有几把破旧不堪的椅子，而且这些家具颜色还不一样，有棕色的，有褐色的，还有黑色的，让励国仪无从下手，便找来婆婆问个究竟。

婆婆站在这些柜子前，一个个抚摸着，哽咽着说："这些都不是我们家的东西，是天寿从外面买来的。"

"这些家具太旧了，而且好多都是坏的，没几样能用啊，爸是不是被别人骗了？"励国仪不理解公公为什么要买这些坏掉的家具。

"天寿是好人，对人实在，街坊邻居哪家有个困难，拖个不要的家具卖给他，他身上只要有足够的钱，随人家开什么价，都买下了。刚开始，我也是抱怨他，竟往家里拉些没用的，既费钱又占地，但他总是说，谁家没个急事，帮人家渡过难关，他心里高兴。这家具我们又用不着，只好堆到这屋里了。"说着，婆婆似乎陷入了对公公的思念中……

事后，励国仪才知道，公公不仅买没用的家具救人急，还对那些求画的街坊邻居有求必应。那时潘天寿画作的名气在美术界是响当当的，遇到有些邻居家里缺米少油的，过来求幅画想去卖点钱，潘天寿从不拒绝，随手画幅小画送给他们，让他们去换点钱补贴家用。而有些政府官员过来求画的，他总是找借口找托辞委婉地拒绝。有一次，潘公凯不理解，父亲是这样告诉他的：官员不缺吃不缺喝，求画是为了把玩，而穷人不一样，是为了生活，我不会为了巴结官员去献画，也不会因为对方是穷人而吝啬我的画。

父亲说这话时，铿锵有力，气宇轩昂。潘公凯知道，父亲的心里装着老百姓。

婚后，励国仪每次回家，都要陪婆婆唠家常，婆婆总是说着说着就说到公公。她告诉励国仪，唯一一次和公公生气是因为公公不守信用。听完婆婆的话，励国仪顿时瞪大了眼睛，在她的记忆中，公公是个老实人，怎会不守信用？

原来，公公平时不是作画就是在学院搞教学，非常繁忙，但是家里经常有很多人来拜访，有朋友、新闻媒体记者、求画者等，又不能不接待这些人，公公私下里向婆婆抱怨，他没有时间安心作画。婆婆很心疼公公，便出了一个主意，说要是媒体的人来做采访就说他不在。公公觉得这个主意很好，大加赞赏，两人便达成一致。有一天，公公在家作画，有好几个报社的记者来采访他，婆婆便站出来一本正经地说："潘院长不在家，他可能要过几天才能回来。"几名记者听后，也不好多逗留，正准备往门外走。恰巧这时，有

1961 年潘天寿在杭州少科站与少先队员

几名学生进来找公公，婆婆把刚才的推托之辞又说了一遍，学生正要离开，书房的门开了，公公大喊道："我在家，你们几个有什么事？"一屋子人全愣了，正要离开的记者和学生看了看公公，又看了看婆婆，婆婆的脸瞬间红了，巴不得找个地缝钻进去，这不是明摆着骗人嘛！

后来，大家都走了，就剩下公公婆婆两人。婆婆生气了，数落公公："你这人怎么这样？说好的事情，你又反悔，你这不是害我嘛。"公公哈哈

大笑说："我在里面听到学生的声音，我坐不住啊！我一着急就冲了出来，怕他们有学习上的事找我，耽误不得。记者采访嘛，今天可采，明天也可采，我人就在这，哪天都可采，但学生的学习不能误。"一番"说辞"让婆婆哭笑不得。虽然励国仪不在现场，但是可想而知，那天婆婆有多尴尬，不过，励国仪却真实地感受到，公公的不守信是因为对学生有一份实实在在的爱，这种爱，大方、质朴、深沉，不掺一点杂质，在今天看来尤其难能可贵。

不久，励国仪和潘公凯有了自己的女儿潘晴。那时，夫妇两人的经济条件渐渐好起来，励国仪凭着自己的努力调回浙江少儿出版社任美术编辑，但是两人依然保持父亲朴素的理念，从不给孩子买名牌衣服，不买昂贵的玩具。不过，两人给孩子穿的衣服一定是干净整洁的，哪怕有些旧。就像当年公公在世时，一定要穿着整洁的衣服才能出门，这衣服不是最昂贵的，却是最干净的，公公认为这是对自己的尊重，也是对别人的尊重。

对于女儿的学业，潘公凯延续了父亲的理念，让孩子随性而行，爱学什么就去捣鼓什么。没想到，女儿从小就对画画很感兴趣。十岁时，她画的儿童画就得了一个世界级的奖项，此后陆陆续续拿了不少奖，女儿对绘画就越来越感兴趣。得知拿奖拿到手软的潘晴就是潘天寿的孙女后，有很多电视剧剧组想找潘晴去做小演员，但都被励国仪夫妇俩拒绝了。不是耍大牌，而是他们不希望女儿去攀附爷爷的盛名出人头地，他们希望女儿能脚踏实地、老老实实地做好自己的事。

后来，女儿在学校也不提爷爷的名头，扎扎实实地上学、学画，通过自己的努力，在美国哥伦比亚大学拿到了艺术心理与艺术教育的博士学位。原本可以留在美国的潘晴选择了回国，因为爸妈说过，身为潘家的子女要爱国，要有责任感。如今，潘晴在国家博物馆工作，让励国仪和潘公凯感到很欣慰。

1984年，潘夫人去世后，潘家五个子女决定遵照母亲的遗愿，将珍藏的120幅潘天寿作品捐献给国家，并用国家颁发给家属的奖金20万元设立"潘天寿基金会"，作为资助美术学术研讨交流和奖励优秀人才的非公募基金，由浙江美术学院代为管理。

2015年8月10日，潘天寿基金会与加拿大不列颠哥伦比亚大学亚洲研究院签署合作协议，在该校设立潘天寿基金会，这是潘天寿基金会首次在海外设立奖学金，用以资助该大学研究中华文化的优秀学者，促进中加两国的文化艺术交流。

目前，潘天寿基金会由励国仪打理，她要把公公为艺术献身的精神传递给每一个热爱我们民族、热爱艺术的优秀人才。她说："公公这辈子就做了两件事——画画和教育，他把自己的一生都献给了他热爱的国画，他对学生的关心甚于对自己的孩子，他把教育当成了除画画之外的头等大事。但是在我心里，他始终是那个穿着很旧但干净整洁的蓝工作服、对我说'继续努力'的院长。"

倾谈八　一颗童心丰子恺：想让孩子做个快乐的人

丰子恺，中国现代漫画家、散文家、美术教育家和音乐教育家、翻译家，被誉为"中国漫画第一人"。其自创的"子恺漫画"，深受后人喜爱。丰子恺的画作，简洁明了，饱含着浓浓的童趣和天真，而这种绘画风格和他本人性格有很大关系。丰子恺育有七个子女：丰陈宝、丰宛音、

丰子恺 1962 年在日月楼

丰宁欣、丰华瞻、丰元草、丰一吟、丰新枚，每一位皆是各行各业的佼佼者。

据他丰子恺外孙宋雪君说，外祖父丰子恺一直以来最重视的并不是孩子取得多大的成绩，而是孩子是否快乐。外祖父认为，一个人只有对生活感到快乐，才会对未来产生无限期待。身为严父，丰子恺却常常放低姿态跟着孩子一起玩，即使在外流浪漂泊的近十年，他也从未忘记带着孩子们去寻找快乐。但一旦孩子成人，他却板起面孔让孩子们一个个从家里搬出去住，并声言"无供给子女之义务"，甚至在50岁时还和七个子女来了个"约法三章"。

不愿孩子成为"小大人"

丰子恺1898年出生于浙江桐乡石门镇，家境一般，父亲曾经中过举，但不久之后科举考试便被废除。丰子恺出生前，上面已经有六个姐姐，作为家里唯一的男孩，几个姐姐对他疼爱有加，可父母对他却很严格，特别是父亲，他学识渊博，性格安静，对丰子恺的影响最为深远。

因为家里从事染坊生意，丰子恺几乎是在颜料堆里长大的。五六岁时，他便开始用颜料到处涂涂画画，或者给木版画上色，红的小人，蓝的小花。书本上单色的地方也都被他涂得满满当当，五颜六色。丰子恺九岁时，父亲死于肺病，全家的重担便都落在了母亲身上，他也转入一所私塾上学。课间一有时间，他便会给同学们画像，画得有模有样、惟妙惟肖，大家都争相找他求画。学校老师发现他的才能后，便让他给学校画一幅放大的彩色孔子像。丰子恺很高兴地接了活，几天后终不负所托，笔下的孔子像很有几分庄严肃穆的圣人气象，此后便有了"小画家"的称号。

1914年，丰子恺考上了浙江省立第一师范学校。在这里，丰子恺结识了此生对他最为重要的两位老师——李叔同和夏丏尊。从这两位老师那里，丰子恺学会了三样东西：文学、绘画和音乐。1919年，从第一师范学校毕业后，他跟同学一起在上海创办了上海专科师范学校，亲任图画老师。也就是在这一年，他和妻子徐力民结婚。徐力民比丰子恺大两岁，出身于石门镇当地的名门望族，知书达礼。婚后，徐力民一心一意在家相夫教子，和丰子恺相伴一生。1920年，丰子恺长女丰陈宝出生。

第二年，就在徐力民怀上第二个孩子的时候，丰子恺赴日本学习绘画和英语。回国后首次在《我们的七月》刊物上发表画作《人散后，一钩新月天如水》，随后陆续发表了多篇新作，这种简洁明了但立意悠远的绘画风格，在国内引起了极大的反响，很多人第一次知道了"漫画"这种新事物。

1932年，日本发动了"一·二八"事变，丰子恺被迫从上海回到了老家，他用自己多年积攒的稿费，在家乡石门镇建起了一座住房，取名"缘缘堂"，在这里潜心创作。此时，他身边已经有了六个子女：丰陈宝、丰宛音、丰宁欣（丰子恺大姐丰满之女，一直跟随丰子恺长大）、丰华瞻、丰元草、丰一吟。其中最大的丰陈宝13岁，最小的才三岁。家有六个孩子，丰子恺从来没觉得闹腾，只要有空他就会陪着孩子们一起玩，甚至和他们一起"开发"新的游戏，孩子们也都喜欢跟他亲近。

在缘缘堂，丰子恺专门辟出一间房子做图书屋，每天晚上领着孩子们一起去书屋里看书，什么书都有，孩子们喜欢看什么就看什么。丰子恺从来不要求孩子去读那些难懂的史书，家里最多的就是小人书。看得起劲，丰子恺会把一些名人故事或者名著，以故事的形式说给孩子们听。谁表现好，谁就可以得到一颗糖，或者跟父亲玩一个游戏。图书屋并不像想象中那样安静，而是常常传出孩子们的笑声。

徐力民曾没好气地问丈夫："你看看你，一跟孩子在一起就没大没小，这样孩子以后都不怕你怎么办？"丰子恺淡然说道："我从来不想孩子们怕我，我又不是妖魔鬼怪，为什么要他们怕我呢！与其说是我陪孩子们玩，不如说是他们陪我玩，跟着孩子一起，能发现很多大人发现不了的有趣事物，有时一只蚂蚁都能让孩子高兴半天，观察半天，大人能行吗？你给孩子一颗糖，他就能感到满足，大人能做到吗？所以很多时候，孩子是我的老师。"

丰子恺画里的童趣也许正来源于此。

的确，只要和子女在一起，丰子恺从来都不摆架子，而孩子们的童言童语，在他看来比任何妙语都有趣。他曾在散文《儿女》中写道："我领了四个孩子——阿宝、软软、瞻瞻、阿韦——到小院中的槐荫下，坐在地上吃西瓜。夕暮的紫色中，炎阳的红味渐渐消减，凉夜的青味渐渐加浓起来。微风吹动孩子们的细丝一般的头发，身体上汗气已经全消，百感畅快的时候，孩子们似乎已经充溢着生的欢喜，非发泄不可了。阿韦满足之余，笑嘻嘻摇摆着身子，口中一面嚼西瓜，一面发出一种像花猫偷食时候的声音。这音乐的表现立刻唤起了瞻瞻的共鸣，他接着发表他的诗：'瞻瞻吃西瓜，宝姊姊吃西瓜，软软吃西瓜，阿韦吃西瓜。'这诗的表现又立刻引起了其他孩子对数学的兴味，他们立刻把瞻瞻的诗句的意义归纳起来，报告其结果：'四个人吃四块西瓜。'"

即使吃西瓜这样一件小事，在丰子恺看来也是一件好玩的事。看着孩子们开开心心，他也感到十分欣慰。的确，在让孩子感到高兴这件事上，丰子恺从来都是不遗余力的，他常说的一句话就是，如果一个人不会寻找快乐，那么他这一辈子即使取得再大的成绩，也是枯燥无味的，他最不愿看到的就是年幼的孩子成为老气横秋的"小大人"。

一次，家门口来了卖小鸡的商贩，走一路吆喝一路："卖小鸡仔喽！卖小鸡仔喽！"年幼的丰元草听到后，拉着爸爸的衣袖说："我要买小鸡，买小鸡。"说完，就往门外跑。等丰子恺赶到时，几个孩子都已经挑好了自己

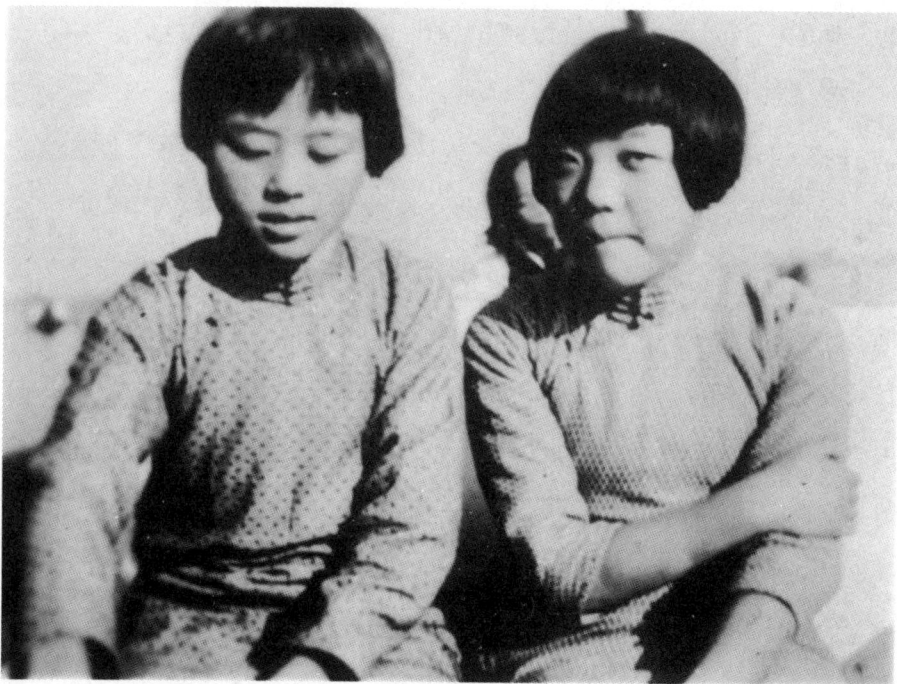

丰子恺拍摄的丰宛音和丰陈宝

要购买的小鸡，就等着丰子恺前来付款了。商贩见孩子们都迫切地想要卖，就坐地加价，竟比平时的价格高出不少。丰子恺想要还价，便故意对孩子们说："待会还有人来卖，我们买下一家，这家太贵了。"他的想法是自己拉着孩子走，以此让老板降低点价格。

哪知道孩子们根本不配合他演戏，听说不买了，全都大哭起来。老板见状，态度更坚决了，少一分都不行。虽然这点钱能付得起，但谁也不愿被人当成傻瓜。丰子恺硬是把几个孩子拉回了家。事后，他无奈地说道："庭中柳树正在骀荡的春光中摇曳柔条，堂前的燕子正在安稳的新巢上低徊软语。我们这个刁巧的挑担者和痛哭的孩子，在这一片和平美丽的春景中很不调和啊！我很想告诉孩子们：看见好的嘴上不可说好，想要的嘴上不可说要。可想想还是算了吧，我不忍心把大人的思维灌输给孩子们，他们应该抱有他们世界的美好和童真。"

漂泊十年快乐同伴

1937年，丰子恺编成的《漫画日本侵华史》出版。也就在这一年，抗战全面爆发，丰子恺只能带着全家十余口逃难。临行前，全家人检点行李，发现除了几张用不得的公司银行存票外，家里只有数十元现款。正在这时，六个孩子齐声说道："我们有。"说完，他们把每年生日父亲送给他们的红纸包统统打开，竟然有四百多元，一下子解决了全家人的燃眉之急。这件事让丰子恺颇为感慨，他说："看样子只有珍惜眼前的一切，不管是钱、人或者事，才能得到福报。"

跟着丰子恺一起，全家人先是躲到了萍乡，借住在朋友家。很快老家传来消息，"缘缘堂"被炸毁。得知这件事，丰子恺伤心了很久，不过很快他便调整过来，作为一家之主，他必须顾忌全家人的喜怒哀乐。看着几个孩子跟着大人一起受尽苦累，丰子恺特别心疼。为了驱散战争带来的恐惧，丰子恺尽自己全部的力量在贫困中给孩子创造出惊喜。

在几个孩子的记忆中，对于在萍乡的时日，他们印象最深刻的便是一张"览胜图"，那是一种类似飞行棋的游戏，在约一米见方的一张纸的中心写着"萍乡东村萧氏家藏游玩品"，据说是当地望族萧氏祖辈设计出来供过年时儿孙辈游乐用的。由六个人轮流掷骰子玩儿。六个人各代表词客、羽士（即道士）、剑侠、美人、渔夫、缁衣（即和尚），从劳劳亭出发，一直走到长安市，中间几乎每一站都是一个典故或著名景点，如滕王阁、蓝关、东阁、金谷、洞庭、雁塔等。一有空，丰子恺就会陪着孩子们一起玩这个游戏，游戏中的每一个典故、每一个人物的来历、每一段历史，他都一一跟孩子们解释，用这种寓教于乐的办法，不仅让孩子们放松了外面炮火连天带来的紧张神经，也让他们学到了很多知识。

离开萍乡后，他们又辗转去了湘潭、长沙。

1938年春，丰子恺来到武汉，从事抗日救亡宣传。1938年4月6日台儿庄大捷。丰子恺高兴不已，回去后画了一幅大树画，并题上一首诗："大树被斩伐，生机并不绝。春来怒抽条，气象何蓬勃。"丰子恺曾对好友宋云彬、傅彬然说："我虽没能真的投笔从戎，但我相信以笔代枪，凭我五寸不烂之笔，努力从事文艺宣传，可以使民众加深对暴寇的痛恨。军民一心，同仇敌忾，抗战必能胜利。"

离开武汉后，全家人又去了桂林、遵义等地。眼见着孩子们大了，却没有固定的学校可读书，丰子恺十分烦恼。无奈之下，只好自己教。

丰一吟至今还记得，那时爸爸教他们《礼记》，其中有一句："户外有二履，闻声则入，不闻声则不入。"丰子恺会由此延伸教孩子一些其他礼仪，例如给客人端茶，要用两只手端等。每天晚上，丰子恺都会召集六个孩子开一场"家庭学习会"，学习的内容很多，诗词古文是其中之一。怕孩子们记不住，丰子恺便用"唱诗"的方式教他们，家乡的小调配上唯美的古诗词，唱起来朗朗上口，十分好记。

除教诗词外，丰子恺还教孩子们写作文。他先给几个孩子说一段故事，讲完后，要求他们凭记忆写下来，这种办法不仅能锻炼记忆，还能看出每个

丰子恺 1962 年与众孩看画册

人的表达能力。除此之外，当然也有命题作文。

一次，丰子恺竟然让几个孩子写一篇搓麻将的说明书。孩子们听后哈哈大笑，打麻将可是赌博，爸爸怎么会让他们写这个。丰子恺解释道："你们不要小看中国麻将，它可是一种复杂又好玩的游戏，不亚于外国的扑克。至于赌博性，要看人们如何对待它，扑克不也可以用来赌博吗？麻将本身无罪。至于要我们写说明书，那是因为写说明书和写一般的作文不同，写说明书要换一副科学的头脑，要写得一看就懂，并能应用。如今扑克有好多种说明书可教人如何玩耍，而麻将从来没有。奇怪的是麻将一学就会，世代相传总是口授，甚至有在一旁看会了的。"因为一篇"麻将说明书"，几个子女成年后，均会打一点麻将，也为平时的生活增添了一些小乐子。在父亲的安排下，逃难生活虽然苦，但从未少了生活的乐趣。此后丰家孩子面对苦难也从容不迫的个性，便是在那时候养成的。

和七名子女"约法六章"

1938年，丰子恺又添了小儿子丰新枚。1939年，丰子恺被聘为浙江大学讲师、副教授。1942年任重庆国立艺专教授兼教务主任。1945年8月10日，丰子恺得到消息，抗战终于胜利了。丰子恺大喜，画了很多幅《八月十日之夜》分送亲友。邻居来讨酒喝，丰子恺找出两瓶正宗的茅台酒来请他们喝，一直闹到后半夜两点钟，人群才散去。

1946年9月25日，在外漂泊了约十年后，丰子恺携全家人再次回到上海。老家的"缘缘堂"已被烧毁，无处可去，只能暂住别处。虽然是租来的房子，不过总算有了一个临时的家。丰子恺潜心创作，出版画册《子恺漫画选》。

1947年，丰子恺刚好五十岁，此时，儿女们均已长大。丰子恺便与子女们"约法六章"，大致内容如下：

年逾五十，齿落发白，家无恒产，人无恒寿，自今日起，与诸儿约法如下：

（一）父母供给子女，至大学毕业为止。大学毕业后，子女各自独立生活，并无供养父母之义务，父母亦更无供给子女之义务。

（二）大学毕业后倘能考取官费留学或近于官费之自费留学，父母仍供给其不足之费用，至返日为止。

（三）子女婚嫁，一切自主自理，父母无代谋之义务。

（四）子女独立之后，生活有余而供养父母，或父母生活有余而供给子女，皆属友谊性质，绝非义务。

（五）子女独立之后，以与父母分居为原则。双方同意而同居者，皆属邻谊性质，绝非义务。

（六）父母双亡后，倘有遗产，除父母遗嘱指定者外，由子女平分受得。

这种不靠父母、自力更生的家风，深深影响了丰家每一个人。据丰新枚儿子丰羽回忆，工作后的第一个月，他就在父亲的要求下从家里搬了出来。"当时的工资也不多，租了房子一半都没了，但是他让我搬出去，他认为我已经有自力更生的能力了。"丰羽理解父亲和爷爷的这种做法："他要求你搬出去，不再供养你，是希望你独立，早日有自力更生的能力。"除了丰羽之外，丰家的每一个后辈大多如此，大学毕业后或者成人后，均靠自己养活自己，自己在外打拼，是好是坏皆由自己负责。

1949年，新中国成立后，丰子恺任上海中国画院院长、上海文学艺术联合会副主席等。几年之后，丰子恺用多年的积蓄购买了位于上海黄浦区陕西南路39弄93号的一幢三层西班牙小楼。二楼屋内的阳台中间有一个梯形突口，在此天窗可从不同角度观日出日落，丰子恺便为其取名"日月楼"。室内挂着他当时与马一浮先生合作书写的对联：日月楼中日月长，星河界里星河转。

而这段安稳的时光也是丰子恺创作的鼎盛时期，他翻译了俄文《猎人笔记》、日文《源氏物语》，写下了《缘缘堂随笔》和《续笔》等文章，出版了《丰子恺画集》和《子恺儿童漫画》，并完成了《护身画集》的第五、第六集。

随着孙辈们的降临，丰子恺成为爷爷和外公。在小辈们的印象中，他们最爱去的地方就是"日月楼"。据丰宛音儿子宋雪君回忆，那时一到寒暑假，他就和其他兄弟姐妹去外公家小住，因为外公家地方大，有吃不完的零食。其中，最吸引孩子的就是外公喜欢带他们去书店，孩子们选什么他都会付款。那段时间，宋雪君几乎把所有好看的小人书都看了，大多是外公给他买的。

1975年9月15日，一代"漫画大师"丰子恺病逝于上海华山医院。丰子恺病逝后，其家人以"调房"形式搬出了日月楼。1983年，丰子恺妻子徐力民去世。

父母去世后，六个孩子从未放松过在学术上的追求，他们始终记着父亲教给他们的"人来到这个世界，不仅仅是为了吃饭"这句箴言。

长女丰陈宝，毕业于重庆中央大学外文系，后来从事中学英语教学，1993年被聘为上海文史研究馆馆员；二女丰宛音，从事中学语文教学，退休于上海市行知艺术师范学校；三女丰宁欣，1958年调入杭州大学任几何教研室主任，主编出版《初等几何》《空间解析几何》等教材；长子丰华瞻，1945年毕业于重庆中央大学外文系，后去美国伯克利加州大学研究院英国文学部留学，回国后任上海复旦大学教授，译著有《格林姆童话全集》《中西诗歌比较》《象征主义》等；二子丰元草，1949年参加人民解放军，1951年赴朝鲜，参加抗美援朝宣传队，1955年调到音乐出版社，从事音乐编辑工作；幼女丰一吟，1948年毕业于国立艺专（中国美院前身）应用美术系，1981年调至上海社科院文学所外国文学研究室任翻译，退休后专事整理研究父亲生平及著作，著有《潇洒风神——我的父亲丰子恺》《我与爸爸丰子恺》《天于我相当厚》等。与大姐丰陈宝编辑出版了《丰子恺文集》《丰子恺漫画全集》等；幼子丰新枚，20世纪60年代初毕业于天津大学精密仪器系，获中科院情报研究所高级理学硕士学位，通晓多国语言。

如今，丰子恺的第三代、第四代，人丁兴旺，分布于京、沪、苏、杭、香港各地，并有在美国、日本发展的，不乏在各自岗位做出令人瞩目之业绩者。如丰子恺外孙宋菲君，已是国际知名光学专家，曾任北京信息光学仪器研究所副所长，常受邀去国外讲学。

2006年，丰子恺的骨灰从上海龙华烈士陵园迁回浙江桐乡石门镇。一代大师风雨漂泊几十年，终于叶落归根。2008年，丰子恺后人出资350万买回了"日月楼"二楼和三楼的租赁权（当时他们未能与一楼的三户人家谈妥），那里目前成为了"丰子恺旧居陈列室"。

丰子恺外孙宋雪君在接受采访时说，目前丰子恺七个子女只有丰一吟一人健在。他们这些后辈，每年都会回乡去祭奠祖父或外祖父。有时候，他依然能梦到小时候在外公家里玩耍的样子，外公在书房画画，他们在外屋玩耍，有时候球滚到了书房里，外公会笑着帮他们捡起来，那慈祥和蔼的样子，至今难忘。

倾谈九　朱自清：做人要正，做事要实

朱自清，字佩弦，中国现代文学史上著名的散文家、诗人、学者，毕业于北京大学哲学系，却因为对文学的热爱成为一代文坛大师。他一生著作颇丰，如《背影》《荷塘月色》《桨声灯影里的秦淮河》《匆匆》《春》，均被公认为白话美文的典范，强烈地感染了几代读者。朱自清在家是长子，下有两个弟弟和一个妹妹，其本人一生养育了四子四女。1948年8月12日，朱自清因严重胃病在北平医院辞世，终年51岁。虽然朱家几代人没

朱自清

有专门制定过家规家训，但是个个都尽己所能，为国家为社会做出贡献。

朱自清的孙子、朱润生的次子朱小涛说："朱家的后人天各一方，过于

分散，但是往日时光里先辈们在事业上生活中留下的点点滴滴、枝枝叶叶，像一股股清澈的溪水，滋养着朱家后人，让我们时刻牢记，做人要正，做事要实。"

为了多读书，祖父经常在洗脸刷牙时把书放在架子上

"月亮渐渐地升高了，墙外马路上孩子们的欢笑，已经听不见了；妻在屋里拍着闰儿，迷迷糊糊地哼着眠歌"，这是《荷塘月色》开头的一段话。"闰儿"就是朱小涛的父亲朱润生，他是祖父朱自清的次子，当时才三岁。

朱润生1925年出生在扬州，当时朱自清经胡适和俞平伯介绍，到清华学

朱自清在清华园

校大学部任教。朱小涛出生时祖父离开他们已经有11个年头了，所以他没有见过祖父，但从父亲身上，他却能感受到祖父的存在，以及朱家祖辈们的精神、品质的显现，这些品格时时影响着他和他的兄弟姐妹们。

朱小涛的祖父辈兄弟姐妹四人，三男一女。祖父朱自清是长子，其后是朱物华、朱国华、朱玉华。曾祖父小坡公当了十几年小官吏，深谙官场的黑暗与险恶，他希望儿女们远离官场，饱读诗书并学有所成，光宗耀祖。所以，祖父那辈人受到的教育是严厉的。当时，祖父是念私塾的，先生很尽责，经常要布置作文给他写，而这些作文曾祖父照例篇篇都要检查。

经常在晚饭过后，曾祖父就坐在饭桌边，桌上放着一盘花生米或者豆腐干，一瓶老酒，祖父就安静地站在旁边，看着曾祖父拿着先生批阅过的作文摇头晃脑地低吟，此时祖父应该是紧张的。曾祖父只要看到先生在作文中有好的批语，文中语句下又有许多肥圈就会很高兴，顺手拿起一粒花生米或豆腐干给儿子，以示奖励。假如看到先生在祖父的作文中有不好的评语，或者文中的句子被删了很多，曾祖父就会大发脾气，大声斥责祖父不用功，有时甚至还会把本子撕烂扔了。

严苛的家教让祖父在学业上丝毫不敢懈怠，曾祖父不在家的时候，祖父也会用同样的方式管教弟弟妹妹。有了祖父的带头作用，朱家四个孩子的学习成绩一直都很好。

朱小涛听长辈们说，祖父读起书来，可以整天不出门，吃饭还得别人提醒。1920年，祖父从北大毕业。那年春天，他在书店看中一本新版韦伯斯特英语大词典，定价14元，相当于他一个学期的学杂费用。可他当时囊中空空，最后只好咬咬牙，把那件在《背影》中出现过的紫毛大衣当了，买了辞典，而紫毛大衣却再也没有赎回来。

为了多读书，祖父可谓惜时如金。他经常在洗脸刷牙时把书放在架子上，边洗漱边看书，一点时间都不肯浪费。祖父在北京时，受不了北方的冷，当时他只有一床薄被子，冷得不行，就用绳子把被子绑在脚底下，防止走风，然后钻进去，裹着被子继续读书。他在清华大学当了16年的中文系主任，曾多次提出辞职，为的是腾出些时间和精力多读些书，好好做学问。他的日记里多次记载，隔一段时间，他就拉一个长长的书单，读完这些书后，就又拉一个书单。

在祖父的影响下，朱家人都爱读书，"勤奋，读书"是生活中最大的事。祖父的弟弟朱物华，是"文革"后上海交通大学的第一任校长，中国电子学科奠基人，水声学科的先驱和开拓者。扬州中学毕业后，他同时被南京高等师范学校和上海交通大学录取。当时曾祖父已失业赋闲在家多时，家境窘迫，希望朱物华上南师，因为那所学校食宿、学杂费全免，可朱物华的志趣在理工科，想上交大。两人僵持不下时，适逢到杭州一师教书的祖父回来了，祖父当即表示他会节省开支，余出一些钱支持弟弟上交大。

朱物华上了交大后，深知学习机会难得，起早贪黑刻苦学习。晚上常在油灯下做笔记，脸被烟熏得发黑，节假日他就到图书馆抄写买不起的书籍。1923年，朱物华毕业那年，正赶上中国利用美国返还的庚子赔款公派学生到美国留学，常年勤奋苦学的他以全国电机专业第一名的成绩获得留美学习机会，与谢冰心等清华学生赴美留学。

其实，在朱家人心中，不仅学生时代要读书，工作时依然要勤读苦练。朱润生本来在《中央日报》做校对，因为工作比较认真，被调到编辑组。朱自清知道后，认为儿子的"学识和经验还不够"，并没有因为他的"升职"
而表扬他，反过来写信叮嘱他"事已如此，只盼望你努力尽责"。信中，朱
自清要求儿子补习英文以充实自己，让他多读点书，工作谨慎，认真负责，
提醒他"切不可因为跳得快略有骄心"。

这封信，朱润生一直保留着，时常用它教导三个孩子多读书，不可放松
对自己的要求。

朱自清的教导，几个子女时刻记在心上。朱润生在父亲的谆谆教诲下，
读书、学习，丝毫不敢松懈。朱润生在山西省财政厅办公室工作时，被大家
称为"一支笔"，文件、讲话稿写得特别规范。朱小涛还有一个叔叔叫朱乔
森，有很深的学养，平时喜欢博览群书。他是中央党校的教授、博导，在学
校是教党史的。上课时，为了拓宽学生的视野，朱乔森还讲授中国传统文化
和西方文化，有时一次讲课长达几个小时。他讲西方文化，给学生开列出从
古希腊罗马到近现代150多位重要人物名单并介绍他们的著作和主要思想观
点，涉及文学、历史、哲学、经济学、政治学、法学、社会学及心理学等
领域。

1994年，朱乔森被查出身患癌症，先后动了五次手术，化疗20多个周
期。这期间，他把病房当成课堂、书房，在病房里读书、写作、讲课。当时
由于化疗，他的头发都掉光了，身体瘦弱得已经脱了形，死神随时都会把他
带走，但是他依然每天都在病房里读书、上课，依然支撑着虚弱的身子，为
博士生批改长达十几万字的论文。他经常用史学家范文澜的话要求自己的学
生："板凳要坐十年冷，文章不写一句空。"

"献尔好身手，举长矢，射天狼！还我山河，好头颅一掷何妨？"

在朱小涛的记忆中，祖父写过一首《维我中华》歌词。歌中唱道："献尔好身手，举长矢，射天狼！还我山河，好头颅一掷何妨？"从歌词中就可以看出，朱自清是一位有良知，有正义感的爱国知识分子。

"五四"运动爆发时，朱自清正在北大读书。他以极大的热情投身到这一运动中，与其他爱国学生一道为国家民族呐喊呼号。《北京大学月刊》所载"文科本科学生请假旷课记录"显示："五四"前后，朱自清的请假次数明显增多，甚至还出现了旷课情况。对于他这样一个爱好读书、勤奋努

朱自清在北大期间，与友人在万寿山留影（右起第二人为朱自清）

力的人来说，这种情况尤其让人感到意外。从这个侧面，也可以看出他对"五四"运动的极大热情。

1925年，朱自清写下了《白种人——上帝的骄子》一文，表达了中国人被侮辱的愤怒心情。1926年，他亲身经历了"三·一八"惨案，目睹了血雨腥风的场面，后来写成了《执政府大屠杀记》一文，痛斥反动政府的暴行。1931年，他在英国访学，"九·一八"事变发生后的第三天，他在给第二任妻子陈竹隐的信中说："阅报知东省事日急，在国外时时想到国家的事，但有什么法子呢？"

朱自清不仅写了大量诗文讴歌抗战，还用实际行动支持抗战。他多次在自己家里热情收留、掩护抗日义士和爱国学生，还到前线慰问抗日将士。

朱自清的家国情怀深深地影响着朱润生。

朱润生曾经在国民党《中央日报》副刊部短暂工作过。当时，朱自清看到朱润生特别热爱新闻工作，便让他去南京的《中央日报》社当了编辑。到了南京后，朱润生接触到不少地下党，在和他们的交流中，他觉得自己得做些什么，来为他们分忧。1949年1月下旬，扬州城区地下党负责人和朱润生联系上，希望他能在南京为党组织开展秘密工作，他一口就应承下来了，其中一项任务便是保护国家财产免遭临时撤退的国民党官兵破坏。当时，人民解放军直逼长江北岸，南京国民党中央机关人心惶惶。朱润生发现国民党江苏省直属粮库内存有1000多石大米。他通过努力，做好了粮库内一位会计的工作，又秘密去做仓库内几位工人的工作，对他们晓之以理，动之以情，动员他们为解放做贡献，请他们加强对仓库的看护，防止坏分子偷盗和国民党特务的破坏。

南京解放的前几天，仓库的几个头头已逃得不见踪影。会计按照朱润生的意见，把仓库的牌子摘下，门窗严密关闭，对外造成空仓的假象。南京解放后，朱润生迅即与南京市军管会取得联系，很快，军代表便接管了这个粮库，1000多石大米安全地回到人民手中。

在朱家，不论是战争年代，还是和平年代，"热爱祖国，廉洁自律"是每个人心中的一杆秤，长存于心。在中学课本中，有一篇毛泽东的著名文章《别了，司徒雷登》。在这篇文章中，毛泽东写道："我们中国人是有骨气的……朱自清一身重病，宁可饿死，不领美国的救济粮。"那时因为内战，国内经济崩溃，国民党当局发行大量金圆券，物价飞涨，人民生活水平大幅度下降。为了安抚知识分子，国民党政府发行了一种配购证，可低价购到由美国援助的面粉。1948年6月18日，吴晗来到祖父家，带来一份《抗议美国扶日政策并拒绝领取美援面粉宣言》。这个时候，朱自清因为严重的胃病身体已经非常虚弱，但是依然郑重地在《宣言》上签下了自己的名字。他在这天的日记上写道："此事每月须损失六百万法币，影响家中甚大，但余仍决定签名，因余等既反美扶日，自应直接由己身做起。"

除了朱自清，朱物华也是如此。他从哈尔滨工业大学调回上海时，国家给他配置了康平路上的花园洋房，可他在房子前溜达一圈，就是不肯搬进去，说房子太大了。以后几十年，他和家人就一直挤在普通公寓里。在他80岁时，交大领导考虑他年事已高，好意要派小轿车接送他。那天，送他回家时，他再三推辞，拍着自己的胸脯说："别看我年龄大，身体还是很好的。不信，我走两步给你们看看。"说完，他迈开大步向前走。大家看到后，赶紧搀扶住他，你一言我一句，给他说道理，他终于拗不过众人，被拥进车里。

哪知，车到家门口、他下了车之后，做出一个惊人的举动：立即步行返回学校，还不许大家扶着他，然后再步行回到家中。那天，街上路人就看到这样的景象：一位老人在前昂首挺胸走着，后面还跟着几个满脸无奈的人。朱物华这是要向大家表示他还有行走的能力，不必乘小车，不用浪费国家资源。回家后，大家看着老人坚决的样子，对他又敬佩又无可奈何，称他是个"倔强校长"。

在朱家，不仅祖父辈爱国，后人也时刻将爱国情怀铭记在心。早在1946年，朱自清的长子朱迈先结婚成家时，买不起婚纱，就用纱布自己做了一套。战争年代物价飞涨，货币贬值，民不聊生，朱迈先当时担任师政治部中校科长兼政工队长，每月90元的薪水仅够买2斤黑市花生油。其他许多军官都利用职务捞外快，克扣军饷，发国难财。但朱迈先一向清廉简朴，当时更是家徒四壁，他对妻子说："你跟着我，连回家看父母的旅费都没有，想买件好衣裳都做不到，实在是苦了你了。按我目前的职位随便做点生意，捞点钱是不成问题的，但不能做对不起老百姓的事呀，不能给父亲脸上抹黑。"

而朱润生在退休后，经常参加社会上一些纪念朱自清的活动，越发感到弘扬中华历史文化的重要性。为了这个目的，听从父亲的建议后，朱小涛带着妻儿回到家乡扬州，专门从事扬州文化研究工作。

崇德向善，宽人律己，过内心宁静、踏实的普通生活，不也是一种幸福吗？

儿时，朱润生常常告诉三个孩子："每个人不能只想到自己，要想到他人，想到国家，要做有益于社会，有益于国家的人。"那时，孩子们还不能完全明白父亲心中的家国情怀，只能感受到父亲说这话时的正气凛然。随着年龄、阅历的增长，朱家人所做的点滴小事，举手投足中，处处彰显"正气、和善"。

1946 年，朱自清与陈竹隐、朱乔森、朱思俞、朱蓉隽在一起

在朱家人的心目中，公就是公，私就是私，分得清清楚楚。当年抗战胜利后，朱自清带着一家老小从西南联大到清华大学任教，由于家境不好，他到街市上买了一些很破旧的家具，都是别人不要的，可还是付了钱给别人，

在他看来，只要不是自己的，就得付钱。当时，清华大学在建一个工程，大门外堆了很多砂石、沙土，朱小涛的小姑姑跑到门外玩时，发现那些沙土很好玩，弄点水还能捏出好多泥巴小人，于是回家时便顺手带了一些沙土，想和兄弟姐妹们一起分享。没想到刚进家门就被父亲发现了。得知是从大学门口得来的，朱自清当场就板起脸，把女儿狠狠地训斥一番后，让她把沙土放回去。

看到女儿一脸不高兴，朱自清语重心长地说："这是公家的东西，我们千万不能拿回家。"不谙世事的女儿看着父亲严肃的表情，感觉自己犯了很大的错，低下了头。后来，家里又有孩子从外面捡回一张破旧的桌子，也被朱自清狠狠地训斥，说虽然那是别人不要的，但是也不能拿，拿了就是小偷，是可耻的。

而朱小涛的三叔祖朱国华，在抗战胜利后，担任无锡地方法院检察官。有一天，朱国华在路上遇到一位绅士，这位绅士见到他就弯腰鞠躬，他吃了一惊，觉得自己并不认识此人。还没缓过神来，绅士迅速从包里拿出几根金条往他怀里塞。朱国华坚决不要，询问后，才知道原来这是一个开银楼的富商，他的一桩官司经自己审理获得了胜诉，他由此免于破产。富商特别感激朱国华的公正判决，多方打听，知道他常走这条路，就在此等候了好几天。朱国华看到绅士的行为，非常生气，义正词严地说："尤论胜诉还是败诉，我完全是依据法律行事，并未偏袒任何一方。这完全是公事，不会带一点私人感情的。"朱国华拒绝接受绅士的金条，正要走时，那位绅士又拿出派克笔要留作纪念，但朱国华也不接受，他认为这不是他应得的，不能利用工作去收取不属于自己的东西。向那位绅士一拱手，朱国华头都不回就走了。

正因为有了祖父辈公私分明的言行教育，父辈们从不把公家的东西拿回家。朱小涛记得父亲后来在山西省税务、财政部门工作，单位里有很多稿纸、信纸、信封、笔记本等，但父亲从来不带回家，自己邮寄一封信，都会跑到很远的邮局去买信封，没有时间的话就自己在家里动手制作信封。

朱小涛有一个堂姑叫朱韵，是朱国华的女儿。由于海外关系的牵连，她小学毕业就辍学了。十六七岁到云南插队务农，返城后在街道小厂当一名普通的工人。就这样，她都没有放弃读书学习，在父亲的指导下自学文化课。1988年，她报名参加招干考试。考试前，她正给松江县一位领导的孩子补习文化课。这位领导对她说："你报考松江区的任何一家单位，我都会帮你的。"她当即表达了谢意，赶紧说："我想报考一个市属单位。"回家后，她告诉家人，说："如果这位领导帮我打招呼，而我考得不好被录取，对其他考试成绩好的考生是不公平的。所以我说要报考市属单位，这样松江的领导就打不上招呼了。考试结果对我、对其他考生来说，都公平了。"结果，朱韵以松江区女生第一名的成绩被上海中国银行录用。

朱小涛又谈到他这一代，大伯朱迈先的长子朱寿康。"文革"时父亲蒙受不白之冤，导致他的工作一直得不到落实。1977年恢复高考时，他参加了考试，但结果出来后才发现他竟然没有分数，也没资格参加入学前的体检。1978年，他第二次参加高考，以394分的总分排在了广西南宁地区的第二名，语文成绩是南宁地区的第四名，这样的分数足以上重点大学。但由于政审不过关，他没能被录取。两次高考都考中，却不被录取，同时又没有工作，但生活的贫困并没有压倒他。

他没有消沉，也没有抱怨，每日依旧在家读书学习，踏踏实实做好每一件事。后来，在扩招的时候，他上了南宁地区第二师范学校（即后来的南宁师专），毕业后留校做了一名物理老师。他像祖父一样，每日都兢兢业业地教书育人。为了提高自己的教学质量，他还在物理课中融入了文学的元素，甚至用李商隐的诗句来讲解物理知识，让枯燥的物理课变得生动有趣，学生们无不称赞。他所带的学生，参加全国物理竞赛，几乎没有空手回来过。而他个人也多次获得广西壮族自治区特级教师、全国优秀教师等各种荣誉称号。

在采访中，朱小涛一直强调不论是祖父朱自清，还是父亲朱润生，身上的品行都是朱家人人格特征的一个缩影。朱家人身上的"正气、和善、老实"是会世世代代传承下去的，展现在每一个朱家后人的身上。整个采访中，朱小涛一直在说着二叔祖、三叔祖、大伯、叔叔、堂兄等其他人的故事，对于自己，总是保持着一份低调，只想着把别人的美好展现出来。正如朱小涛说的，他从小就不知道祖父是朱自清，父亲一直用"你爷爷"来代替，直到从别人口中得知自己的爷爷竟然就是文坛大师朱自清时，他才明白父亲的低调，是不想孩子过于依靠祖辈的庇护，希望他们靠自己的实力踏踏实实做人、做事。

2011年5月18日，《荷塘月色》中的"闰儿"走了，享年86岁。临终前几个月，朱小涛在家陪侍他老人家。为了让父亲开心，朱小涛用戏谑的笔法写了一篇父亲的小传，其中有这样几句话："其人心地善良，性情平和，一身正气，崇德向善，诚以待人，讷于言而实于行，上尊长辈，下示后代。不喜名利而尤嗜美食，今虽八十有六，疾患在身而此性未改。岂非人生一大乐耶？"朱润生当时已重病缠身，又有轻度老年痴呆症。看完小传，他老人家脸上露出了那种孩子们平时常见的和蔼宽厚的笑容，提笔哆哆嗦嗦地在那段话后面写下了"很好"两个字。

父亲走了，朱小涛常常在夜里潸然泪下，脑海里浮现出父亲的憨态。父亲得了糖尿病后，像个小孩子一样就是管不住嘴，经常趁家人不注意，在饭前偷吃桌上的肉。有一次不小心被朱小涛抓了个正着，父亲脸上呈现出的不好意思与尴尬，竟成了朱小涛心中最美的怀念。

如今，朱小涛没事的时候，就会去古运河畔、文昌阁旁的安乐巷27号朱自清故居纪念馆坐坐。夕阳西下，余晖脉脉，洒在老旧的青砖黛瓦的院墙上，朱小涛总会感觉祖父与父亲从来没有离开过。他们"做人要正、做事要实"的教诲早已深深地印在每一个朱家后人的心中。朱小涛告诉笔者："朱家后人中没有高官，没有富豪，都过着平凡普通的生活。但过一种内心宁静、踏实的普通生活，不也是一种幸福吗？"

倾谈十　慈父老舍：一个满脸皱纹的小老头

　　老舍（1899年2月—1966年8月），原名舒庆春，字舍予，中国现代小说家、著名作家、杰出的语言大师、人民艺术家。老舍一生约写了800万字的作品，其中代表作《二马》《骆驼祥子》《四世同堂》《茶馆》等，均被后人誉为不可超越的经典。老舍幼年丧父，受好心人资助才有幸上了私塾，之后几经周折，四处为家，一生有两次和家人长时间分离。这样特殊的人生经历，让他变得豁达、开朗，也越加珍惜眼前的生活，不管多大的困苦，他总能一笑了之，甚至用幽默去化解，从苦味中得到一点快乐。老舍育有三子一女，他们跟着父亲吃了不少苦，但都在动乱中成长成才。受父亲的影响，几个孩子都乐观待人，豁达处世，坦然面对生活中的风风雨雨。老舍的大女儿舒济说父亲留给她的印象就是一个满脸皱纹的小老头，"写作起来无比严肃，可只要一笑，所有人都能感受到快乐。"

风雨漂泊中，父亲发现有小孩的乐趣

　　老舍，1899年出生于北京西城的小羊圈胡同，满族人。父亲是一名护军，阵亡在八国联军攻打北京城的巷战中。一岁半丧父，老舍跟着母亲艰难度日。因为穷，到了上学的年纪，老舍却没法和同龄孩子一样去私塾读书，母亲只能找来一些旧书，让他在家自学。虽然不识字，可老舍还是看得津津有味。9岁那年，受好心人资助，老舍才得以入私塾识字。正因为这样，他格外珍惜这来之不易的读书机会，学习十分刻苦用功，深受夫子喜爱。1913年，老舍考入京师第三中学。只上了一个月，便因经济状况不得已退学。同学老师都替他惋惜不已。老舍虽然遗憾，但却没因此影响心情。同年，他考取了公费的北京师范学校，得以继续求学。

虽然一波三折，但最终还是读了书，老舍特别知足，不管到哪，都是乐乐呵呵的，朋友们都喜欢跟他相处，似乎不管遇到多大的困难，他总是一副风淡云轻的样子。1922年，老舍毕业后任南开中学国文教员。1924年赴英国，任伦敦大学东方学院中文讲师。中西文化的碰撞，多年的求学经历，让老舍比一般人历经的坎坷要多，看得多了想得自然也就多了，老舍开始了他的文学创作。平时工作没时间，老舍就在下班的时候写，或者在别人出去玩的时候写一点。《老张的哲学》就是在这时候完成的。当时他纯粹是写着玩，写好后，便念给同在伦敦的许地山听。许地山听后，笑得前俯后仰，拍着老舍的肩膀说："写得太好笑了，有趣有趣，看不出来你还如此幽默。"老舍看着许地山，也跟着大笑起来："我怎么想的，就是怎么写的，幽默不敢当，不过能逗老友一笑，也算是有点功劳。"大笑过后，许地山认真地说，他觉得《老张的哲学》文字幽默，而这种幽默又恰到好处，有力有劲，堪称佳作，希望老舍能投到国内发表。听从老友建议，《老张的哲学》后来在《小说月刊》上发表。

1929年，老舍回国，居住在北京一个朋友家中。也就在这时，他认识了后来的妻子胡絜青（齐白石的入室弟子，中国现代著名书画家）。当时，还在北京师范学院读书的胡絜青和几位女同学成立了一个文学团体叫"真社"。听说老舍从英国回来，又发表了很多文学作品，便想请老舍来学校开一次座谈会。第一次见面，两人便有种相见恨晚之感。他们都是满族人，生活习惯一样。胡絜青很好学，很喜欢外国文学，而老舍对外国名著、外国地理都很了解，彼此之间有共同语言。当时老舍已年过三十，婚姻大事迫在眉睫。见他们互有好感，朋友便有心撮合。

之后，老舍任济南齐鲁大学文学院副教授。到了济南之后，他开始和胡絜青通信，一连写了一百多封信，终于追到了心仪的女孩。别人谈恋爱都是说一些嘘寒问暖的话，老舍倒好，他给胡絜青的信中写道："我希望我们恋爱后，能约法三章：第一，彼此都要能吃苦；第二，你要刻苦学习，学一门专长；第三，不许吵架。"收到信，胡絜青哭笑不得，不过她也从中看到了老舍的耿直和善良。1931年，胡絜青毕业后，便和老舍成了婚，暂时定居济南。

1933年，老舍夫妻俩有了大女儿舒济，1935年，

老舍夫妇和大女儿舒济

儿子舒乙出生。家里有两个年幼的孩子，闹腾可想而知。胡絜青给几个年幼的孩子都定了规矩，老舍创作时，谁也不能打扰。有时创作完，见几个孩子安安静静地坐在一边，不敢吵闹，老舍总是于心不忍，主动逗他们玩，逗他们笑，有时把女儿举起来，咯吱她，有时陪儿子画幅画。总之，不创作的时候，老舍绝对是个慈父。

那时，一家几口全靠老舍一个人的工资生活，日子过得很艰难。即便这样，老舍也从不让孩子们觉得苦闷，或是让他们有一点不自在，反而想尽办法宽他们的心，或是逗他们一笑。舒济虽是女孩子，但活泼爱动，和男孩子一样。老舍在散文《有了小孩以后》中写道："小女三岁，专会等我不在屋中，在我的稿子上画圈拉杠，且美其名曰'小济会写字'。把人要气没了脉，她到底还是有理。再不然，我刚想起一句好的，在脑中盘旋，自信足以愧死莎士比亚，假若能写出来的话。当是时也，小济拉拉我的肘，低声说：'上公园看猴？'于是我至今还未成莎士比亚。小儿一岁整，还不会'写字'。也不晓得去看猴，但善亲亲，张口展览上下四个小牙。我若没事，请求他闭眼，露牙，小胖子总会东指西指地打岔。赶到我拿起笔来，他那一套全来了，不但亲脸，闭眼，还指令我也得表演这几招。有什么办法呢？"

日子很苦，有孩子也很闹腾，但即使没有其他什么使自己感到快乐，老舍也能从孩子们身上找到一丝甜蜜和幸福。他曾说："小孩子的确是小活神仙，有了小活神仙，家里才会热闹。尿布有时候上了写字台，奶瓶倒在书架上。上次大扫除的时候，我在床底下找到了但丁的《神曲》。"父亲的这种幽默开朗，让年幼的舒济和弟弟在一种完全无压力的状态下长大，以至于后来，不管面临多么大的困境，他们忆起的总是父亲一脸慈爱的笑容。

困境也好逆境也罢，凡事看开点总不为过

　　1937年，老舍的二女儿舒雨出生。也就是在这时候，"七七"卢沟桥事变发生。老舍全家搬到了齐大校内。看着身边的百姓在战火中颠沛流离，老舍总想做些什么。那段时间，他整天心事重重。最终，他决定离开家，用手中的笔投入到战争中去，用自己的绵薄之力，为抗战做点事。

　　那时三个孩子都小，最大的舒济也才四岁，最小的才满三个月。老舍曾想过把一家老小带在身边，可上有敌机的轰炸，下有乱军包抄，想要安全到达目的地，不太现实。最终，他选择一个人外出。舒济、舒乙、舒雨和母亲在济南待了一年之后，日子实在过不下去，母亲胡絜青便带着他们回到北平。胡絜青在北京师范大学女附中教书，以微薄的工资养活一家老小。而此时，老舍辗转于武汉、重庆两地，参与成立"中华全国文艺界抗敌协会"和组织出版会刊《抗战文艺》的工作。

　　老舍在前线用文字作战，胡絜青则在后方养育一家老小，几年间，彼此往来的只有书信。1943年，日子实在过不下去了，几个孩子又渐渐长大，胡絜青才拖儿带女投奔在重庆的丈夫。

　　到了重庆后，生活比之前更为困苦，吃的最多的就是包子，因为最差的面粉特别便宜。"没有肉，母亲便用最简单的蔬菜做馅。每次吃饭的时候，为了哄我们开心，父亲会拿起一个包子，先闻一口，笑着说：'真香呀！'然后轻轻掰开，惊呼道：'今天是白菜馅的'，或者说'今天是韭菜馅的'。父亲的表情很丰富，好像手里拿着的不是包子，而是红烧肉。他大口大口地吃，夸赞母亲手艺好。父亲夸张的动作，总是能逗得我们哈哈大笑，

自然而然饭菜也就香了。"

日子虽然苦，但对孩子的教育，老舍一点儿也没有忽视。他对几个孩子都采取"无为而治"，主张发展孩子的天性，孩子喜欢什么让他们自己去选择。

七八岁的时候，舒乙爱上了画画，经常在家写写画画。老舍知道后很赞成："把自己所看到的世界画出来，不管美丑，都是一种成功。"为了鼓励孩子画画，只要有客人来，老舍都会拿出小儿的画给客人看，变着法子鼓励孩子。一次，舒乙在山头上写生，父亲老舍走过去，在他身边坐了下来，指点道："这里的线条浅了些，那里的颜色应该亮些。"舒乙笑着问："爸爸，你懂画吗？你不是说你是'画盲'，一点也不懂吗？"老舍坦白地承认了："我不会画，可我知道怎么画好看，文学和画画理都是相通的，只是所用的方式不同而已。"虽然不懂画，可老舍还是给孩子上了一堂"画画课"。父子俩坐在山头上，看着远处的风景，聊了一下午。正是因为年幼时打下的基础，舒乙退休后又开始学习绘画，虽然没有师从任何画派，但却有自己的风格，曾先后举办了12次画展。

除了舒乙，对于大女儿舒济和二女儿舒雨，老舍也同样如此，他总说："在我看来，木匠、瓦匠和作家都一样有意义，没有高低贵贱之分。"所以孩子们爱学什么，想学什么，老舍从不反对，总是鼓励居多。

重庆的家很破旧，冬冷夏热，最大的问题就是老鼠多，这些小东西，总是在人睡熟之后，四处乱窜，咬一切它们觉得好吃的东西。朋友来后，劝他们："想办法治一治，这样下去，老鼠多了，书稿都被咬坏了，多可惜。"甚至帮着想出了很多除鼠的办法。老舍听后笑了笑："这些小东西，住在我们家也不容易，只能吃些简陋的东西，如果再把它们赶走，也许它们连家都没有了。"不仅如此，老舍还为书房取名"多鼠斋"，幽默待之，一笑待之。

在父亲这种情绪的感染下，几个孩子过得都很快乐。老舍觉得这种快乐还不够，他不希望因为贫穷影响孩子们的童年，他能做的就是让几个孩子快乐一些，再快乐一些。那时候，舒济和弟弟、妹妹迷上了集邮，到处找信封，把邮票撕下来积攒着。后来找不到了，便向父亲求助："爸爸，你看到好看的邮票能给我们收集起来吗？或者你多给别人写信，那样我们的邮票就多了。"几个孩子如此有劲头，做起这事这么开心，老舍举双手赞成。之后，他对好友们说："你们有不要的邮票，别忘了给我，家里的几个小儿，可是给我下达了任务。"每次收集到好玩的邮票，老舍都会跟几个孩子一起分享。

一次，朋友给老舍送来一枚外国邮票，上面有英文单词。几个孩子很好奇，都缠着父亲问这是什么意思。老舍不厌其烦地对几个孩子解释。从这个单词说到那个单词，从这个事情说到了他在英国教书的一些有趣好玩的经历。舒济问道："爸爸，听说你曾经写了一篇文章，让你朋友笑得把盐当成了糖放进了茶里，是不是？"老舍点点头，当时创作《赵子曰》时，读给朋友宁恩承听，他听后，笑得几乎岔了气，把盐当成糖放进了茶里。几个孩子听了哈哈大笑："盐放进茶里是什么味道呀？好不好喝？"老舍俏皮地说："那味道一言难尽，如果不信，你们可以自己试试看。不过以盐佐茶也是一种滋味，如果好喝，反而创造了另外一种泡茶技能。"幽暗的灯光下，几个孩子围在父亲身边，听他说着种种趣事。正是因为平日里有这些温馨快乐的细节，正是因为父亲的乐观爽朗，此后不管遇到什么事，几个孩子都能坦然面对。

最朴实的石头也有他的用处

1945年，小女儿舒立出生。家有四个孩子，热闹更翻了一倍。

1946年3月，老舍和曹禺一起赴美讲学，计划一年回国。一年以后，曹禺回国，而老舍却因为手头的《四世同堂》没有创作完成，而继续留在了美国。在这段时间，胡絜青带着几个孩子依然留在重庆，等待丈夫归来。1949年，受周恩来总理的邀请，老舍回到中国，才和家人最终团聚，一家人住在北京东城乃兹府丰盛胡同10号。

多年未见，几个孩子都长大了，而老舍因为埋头创作，也成了一个小老头。怕孩子和自己生疏，老舍极力想要让家里的气氛快乐起来。每每创作之余，他总要设置一些谜语让几个孩子去

1945年冬老舍全家在重庆

猜。猜到的人，有时奖励一个糖果。猜错的人，惩罚大多是轻打一下屁股，或者罚扫一下地。这样的小游戏，几个孩子都很喜欢。父亲书房的门紧闭的时候，他们不敢吭声，可一旦父亲从书房出来，几个孩子便知道，是他们放风的时间到了，缠着父亲要做游戏。

渐渐地，几个孩子大了，均从事着和文学不同的专业。舒济曾问父亲："我们都没有继承您的衣钵，您遗憾吗？"父亲摇摇头："从事文字工作是辛苦的，这份苦累，常人难以体会。你们有各自的生活，不受我的影响，实现自我，我很欣慰，何来遗憾？即使最小的石头，也有它的用处。再者说我也只是一个从事文字工作的匠人，和花匠、木匠一样，把自己分内的事做好，无所谓继承不继承，只是写几个文字，娱人娱己而已。"有了父亲的这句话，舒济选择了物理，舒乙选择了化学，舒雨选择了研究德国文学和德国文化，舒立后来成了北京联合大学的一名老师。几个孩子都偏向于理工科，可这丝毫

1954 年老舍夫妇和小女儿舒立

不影响他们和父亲的交流。

1953年，中国急需经济建设人才，毛泽东主席作出了一个决定：送大批大学生到苏联留学，学习各个专业。当时从北京二中毕业的舒乙，在父亲的劝说下选择了出国留学。父亲告诉他："每个人都有自己的责任，只顾自己不顾别人，不是大丈夫所为。"舒乙被分配到列宁格勒基洛夫林业工程大学，学习林业化学工艺专业。1959年回国，到中国林业科学院从事科研工作。1960年进入林科院南京林产化学工业研究所，之后调到北京市光华木材厂当工程师。

老舍全家摄于北京

1966年前后，几个孩子均先后有了各自的事业。对于老舍来说，最开心的就是几个孩子回家，每个人聊着各自的工作和学业。很多东西，老舍不懂，便追问着孩子，从老师变成了学生。舒乙曾对父亲说："爸爸，你比我们好学。"老舍笑了笑："不懂就要问，不懂装懂是呆子。"他曾在散文《可喜的寂寞》中写道："近来呀，每到星期日，我就又高兴，又有点寂寞。高兴的是儿女们都从学校、机关回家来看看，还带着他们的男女朋友，真是热闹。听吧，各屋里的笑声、辩论声，都连续不断，声震屋瓦，连我们的大猫都找不到安睡懒觉的地方，只好跑到房上去待着。虽然这个热闹，我却很寂寞，他们所讨论的，我插不上嘴，默坐旁边又听不懂。"

不过从孩子们身上，老舍看到一种创新的精神，一个个新词从年轻一辈嘴里蹦出来，他看到了希望，所以感到欣喜。

1966年夏天，"文革"风暴刮来。8月23日，老舍去北京文联参加"运动"，受到了"造反派"和"红卫兵"的批斗，他们将莫须有的罪名强加到老舍头上，使老舍受到了极大的侮辱。8月24日，老舍在凌晨投进了德胜门外城西北角的太平湖。舒乙回忆道："那一夜，我不知道在椅子上坐了多久，天早就黑了，周围是漆黑一团，公园里没有路灯，天上只有月亮和星星。整个公园里，大概就剩我们父子二人，一死一活。"也许正是因为对一切都看得很开，老舍才看淡了生死，才会选择让自己有尊严地死去。

老舍投湖后，舒家一次次被抄家。"文革"结束后，全家人才有了稳定的生活。1984年5月，老舍住了16年的丰盛胡同10号成了市级文物保护单位——老舍故居。老舍死后，孙辈们都没有从事文字工作，可这一点也不妨碍他们生活的快乐，舒家人都有一个共同的特点：性子开朗，凡事都看得很开，从不计较一点得失。

2016年8月24日，老舍先生去世已整整50年，翻看着过去的老照片，舒济感到有些心酸，也有着无限的感慨。这么多年，父亲似乎从未离去，留在她脑海里的，总是那副带着皱纹却满脸微笑的模样。

倾谈十一　父亲傅抱石：一朵花、一盘菜，都是"教鞭"

傅抱石，一代国画大师，以人民大会堂巨幅山水画《江山如此多娇》闻名于世，一生创作勤奋，留下无数名作。傅抱石育有两子四女，六子女在父亲去世后均成为著名画家，有人擅长山水，有人擅长水墨，每个人都在各自的领域，形成了独一无二的个人特色。其实，在画画这件事上，傅抱石从未给几个孩子哪怕半点儿的指导，他的书房更是"军事重地"，不允许孩子涉足。可为何六子女却在父亲去世后子承父业，成了父亲的衣钵传人？为了解开这个谜团，傅抱石二女傅益璇说，父亲教育他们的点点滴滴都融进了生活，一朵花、一盘菜，都是父亲手下的"教鞭"。

苦难岁月，总能咂摸出一丝艺术味

傅益璇，1945年生于重庆。她出生时，上面已经有了哥哥傅小石、傅二石和大姐傅益珊。1946年10月，傅益璇1岁时，父亲傅抱石带着全家人从重庆来到南京，定居在傅厚岗6号，而父亲则在南京师范学院美术系任教。到南京后，母亲又给傅益璇添了两个妹妹，大妹傅益瑶和小妹傅益玉。

全家福

　　在傅益璇的记忆中，那时一家人的日子过得很苦，平常有点荤腥都很难得。但不管多难，父亲和母亲总是乐呵呵的，把普普通通的小日子过得有滋有味，从事艺术创作的父亲，总能从生活中发现别人不能发现的美，并且把这种美传递给几个年幼的孩子。

　　在家门口的院子里，种有一棵枫树，每年到了秋冬季节，枫叶成了红色，一片一片落到地上，煞是好看。一次，傅抱石画画画累了，便在院子里散步，然后盯着某样东西看得入神。傅益璇很好奇："爸爸，您在看什么？"父亲摸摸她的头，拿起一片枫叶对她说："你看这枫叶的颜色多好看，再齐全的颜料怕是也调不出这色。"说完，他仔细地拾起几片，要带回去夹在书里当书签。此后，每当有新的枫叶落下来，傅益璇都会拾起几片清洗干净送给父亲，就当是送给父亲的小礼物。

院子东边种有一棵拐枣树，果实味道很怪，所以大家都不爱吃，孩子们常摘来玩，当成"炮弹"，你扔给我我丢给你。但树底下的空地，因为有枣树的遮挡，常年阴暗潮湿，却是种菜的好地方。母亲便把这地整理出来，种了青菜，满足一家人对蔬菜的需求。父亲不忙的时候，几个孩子便拉着他来到菜地边上看菜看小虫子。有时发现了小虫子，父亲也是由着它："你看这青菜配这青虫多鲜活，就像一幅小画。"而母亲则在一边嘀咕："虫子都把菜吃了，你们吃什么？"每当这时，父亲总是以哈哈大笑来阻挡母亲的数落。

为了哄家人开心，也为了给几个孩子解馋，父亲常在玉兰盛开的时候，去捡很多玉兰花回来。这些花一部分插进了花瓶，供家人欣赏，一部分便进了孩子们的嘴。母亲会把最新鲜的玉兰花瓣清洗干净，裹上鸡蛋面浆，用油炸出来给家人吃。看着孩子吃得津津有味，父亲打趣道："这么好看的花进了肚子，要是在你们肚子里生根发芽，咋办？"孩子们听后又喜又怕，父亲见后则乐得哈哈大笑。

随着傅益璇兄弟姐妹几个孩子慢慢长大，父亲对他们的教育更多的是"放养"，从来没有系统到某种理论上来，如果孩子犯了错，他也从不打骂，只是用眼睛看着他，让孩子自己认识到错误，然后去悔悟和改正。也许是因为从事艺术创作，有颗"艺术心"，父亲认为生活中处处皆是美，而孩子们只要有一颗爱美的心和发现美的眼睛，就比什么都重要。不忙的时候，父亲总是带着傅益璇他们兄妹几个出去转转，看山看水看花。

夏天玄武湖的荷花是很壮观的。在宽阔的湖面上，连天的荷叶就像重重起伏的波浪，流动的翠色想要溢出湖面，一直蔓延到远处的蓝天。荷花半掩在深翠的荷叶当中，透过蓝色透明的薄雾，隐约地见到点点绯红。唯有采莲人的小船在荷叶里穿梭，忽隐忽现。行踪飘忽的红蜻蜓停在碧绿的荷叶上，像镶在翡翠玉盘上的红宝石。这一切，就像悬浮在半空中的一幅硕大无比、水汽淋漓的泼墨大青绿。湖边常有卖莲蓬的，几枚一扎十分便宜，我们常在湖边买来剥吃。未成熟的莲子肉洁白而细嫩，清甜中微微有点苦涩。剩下的莲蓬斗是十分好玩的，父亲教我们去掉外面的绿皮，把淡赭色海绵状的内层撕成蓬松的细丝状，像极了渔翁的蓑衣。将它倒扣在一个白瓷盘里，蓄上清水，在顶端盖上一个用纸做的斗笠，再斜插上一根细棍，就成了一个神形兼备的"寒江独钓"。

——摘自《傅家记事》

父亲独创的玩具，不仅让傅益璇欣喜不已，更让她佩服父亲的创造力。常年受父亲"艺术范"的影响，母亲在耳濡目染之下，即使做饭这种小事，她也能做出一朵花来。那时候，傅家几个孩子都在长身体，每天放学回来就像小饿狼一样，逮着什么吃什么。母亲便用自己的一双巧手，尽可能地去滋润孩子们贫瘠的生活，让普通的吃食精致得像一件艺术品。

《傅家记事》中还写道："有一种青菜，南京人称之为'矮脚黄'。每到冬天，郊区的菜农就成担地挑进城里来卖。菜根上还带着新鲜的泥土。母亲常在家门口成堆地买，十分便宜。吃的时候要用猪油煸炒，加盐焖煮一会儿即可，盛起来时菜叶仍是绿油油的，清香鲜糯令你百吃不厌。母亲还用它来煮菜饭，将大量的青菜切碎用猪油炒软，再加上黏性十足的无锡大米，用大铁锅小火焖到阵阵焦香扑鼻就好了。我们每人一大碗，热腾腾地拌上新鲜猪油、酱油，大口大口地吃着，那种美味的饱足感，在北风肆虐、滴水成冰的寒冬，是那样熨帖着你的心。"

在父母的影响下，傅家的几个孩子胆大脑子活，敢想敢做，即使是一块普通的石头，兄弟姐妹几个捣鼓捣鼓，也能使之成为一个小盆景。那时邻居们常说傅家女孩像男孩，调皮但可爱，男孩心思细腻像女孩，细致而周到。傅益璇知道，这都跟父亲平时的一举一动分不开，如果有一颗发现美的心，不管在什么时候，也不管日子多苦，你都能咂摸出一丝甜味来。

心大了，看到的世界才够宽

几个孩子长大成人、有了自己的想法后，父亲对他们的要求比以前要更严厉了一些，他在意的不是成绩的好坏，他更看重孩子的言谈举止和一言一行。跟父亲出去，傅益璇发现父亲对普通的农民、工人，总是多了一份谦恭，有时更会席地而坐跟他们在路边闲谈，聊地里的收成，聊他们日常的生活，一聊就是一下午。回到家后，这些普通的人或事，便在父亲笔下跃然于纸上。

母亲告诉几个孩子，父亲出身贫寒，所以对土地有种执拗的热爱，对普通的老百姓更是多了一份怜悯。父亲也常告诉他们："最值得尊敬的人就是那些普通百姓，没有他们就没有我们的生活。"

一次，傅抱石忙里偷闲，要带全家人去栖霞山秋游。游玩后，便在山上吃饭。店老板见傅抱石举止有礼，说话文质彬彬，有种读书人的气质，忙过来想把桌子擦干净些。父亲摆摆手，笑着说："老哥，你别忙活，我们就是来填饱肚子的。"吃饭的时候，父亲对周边的环境赞不绝口："坐在这山岭之中，看着群山峻岭下酒，多惬意。老板，你好福气啊！"店里客人走后，老板不忙，便坐在板凳上跟傅抱石一家闲聊起来，聊起山上一年四季的景色，老板的眼睛里有种特别的神采，傅抱石听着也入神。很少跟人扯家长里短的傅抱石，还问了老板家里有哪些人，日子怎么样。听老板说日子还过得去，傅抱石越发高兴，连喝了好几杯酒。

回去的路上，父亲竟哼起了京剧。傅益璇扯着爸爸的衣角，问他："爸爸，你怎么这么高兴？""现在生活都不容易，你看看老板一家，能在山上寻得一份安逸的生活，我是为他们高兴。"那时的傅益璇还不太明白父亲的话，但她能感觉到，父亲心里装着他们不知道的世界。

几年之后，傅益璇成了大姑娘，父亲的言行更是让她深感触动。那时，找父亲求画的人有很多，甚至有很多人带着"血书"，想拜父亲为师，父亲都一一婉拒了。可对每一个来者，他都是客客气气的，从来不摆架子，能做到的，他都会应承下来，实在办不到，他也会极力挽留别人在家里吃顿饭，一再抱歉。

一个冬天的夜晚，傅益璇跟着父亲去逛书摊。那些老板都认识傅抱石，见他来了，都把他平时喜欢看的书拿了出来。傅益璇清楚地记得，那天晚上很冷很冷，几乎滴水成冰，父亲紧握着她的手，一本一本地给她介绍摊位上的书。一位书摊老板腼腆地向傅抱石提了个要求："大家都说你画画得好看，下次来不知道能不能带几幅给我们瞅瞅，也让我们开开眼。"傅抱石谦虚地摆摆手："好看谈不上，只是喜欢。不过下次来我一定记得。"

几天后，父亲吃过晚饭便出门了，很晚才夹带着几幅画回来。第二天吃饭时，父亲说起了昨晚把画带给书摊老板看的事，随后他对家人说："每个人对美的东西，都有自己的见解，以后不管你们从事什么职业，都记住这句话，多听别人的意见总没坏处。"

随着找傅抱石求画的人越来越多，他大部分的时间都待在书房里。面对几个调皮的熊孩子，母亲会忍不住嘀咕几句："几个孩子你也不管管。"父亲常常是报以微笑："他们怕你，你比我管用。"不过家里来了客人，傅抱石从不跟人谈家长里短，他谈的都是今天所谓"高大上"的艺术那些事，他觉得每个人都有自己的思想，而这些思想可以给孩子们很好的启迪，让他们知道什么是对，什么是错。

父亲对奶奶是极孝顺的，这一点对傅益璇影响颇深。傅抱石的母亲是菜贩出身，目不识丁，但傅抱石十分尊敬她。敬重长辈、尊重家里的每一个人，是傅抱石要求孩子们必须做到的。父亲每次从外面回家，孩子们都会站起身说："爸爸回来啦！"或者帮他拿鞋或者接过他手里的东西。傅抱石有时候会带一包糖炒栗子回家，孩子们全围过来，眼巴巴地等爸爸分配。只有奶妈不为所动，因为她不知为何要站起来表达尊敬，但父亲依旧很体谅她，觉得这没什么，很自然。在父亲的文化认知里面，他是偏向同情工作平凡的人群的，他一直持有包容、将心比心的心态。

那时候傅益璇没有想过，以后会跟父亲一样成为一名画家，但她知道，父亲是在用自己的人生经验告诉他们：一个人心存悲悯之心，存下一切善恶美丑，你看到的世界才够宽广。

给你一片泥土，你爱开啥花开啥花

　　17岁时，傅益璇因为手患没法继续学习她从小到大练习的钢琴，在家无所事事。母亲见后，很着急，便找父亲商量给孩子找个事情做。父亲想来想去想了很久，也没找出一条适合孩子走的路，虽然那时他认识的人很多，但他并不愿意因为家里的事去搅扰别人，思来想去，他决定让女儿学画。

　　"他在大画桌旁放了一个画架，在茶几上放了一个石膏像，准备好要我画素描。父亲自己大笔挥洒地画着，又不时回头望我，关切地说：'好好画哦！累了就歇一下。'但不争气的我却怎么也静不下心来，只是一味地对着书橱的玻璃门顾影自怜。事后，我曾抱怨父亲不教我中国画，却要我学素描，母亲却悄悄告诉我，因父亲从未学过素描，画山水、人物倒不觉得有欠缺，但画现代题材遇到楼房、汽车、轮船时常感到不顺手，所以想让我多学些素描。过了不久，我突然爱上了'水印木刻'，于是又大张旗鼓地置办各种工具，煞有介事地忙来忙去。父亲倒是乐观其成，乐呵呵地在一旁看着。经过一番折腾之后，我总算有了几张作品。父亲居然很喜欢，其中一张黑色背景、用小圆刀阴刻的黄色草花，父亲准备拿去做他杂文集的封面。"

　　在父亲的帮助下，傅益璇最终考进了南京艺术学院美术系。现在回头想想，傅益璇说这可能是父亲在画画这件事上给予自家孩子的唯一指导，其他兄弟姐妹便没有这个幸运得到父亲亲自教诲。在傅家几个孩子中，大哥傅小石画画天赋最高，母亲曾提过让父亲教教孩子，哪怕提提意见也好，但父亲总是一笑了之："孩子有他们自己的生活，我们要做的就是给他们一片土，他们能开啥样的花，都是他们的造化，作为父母无须帮助他们修剪枝杈。"

至于之后几个孩子全成了画家，怕是傅抱石没有想到的。

傅益璇在其个人画展上

　　平静的日子没过多久，1957年，大哥傅小石被打成了右派。"母亲听后如万箭穿心，痛哭失声。沉稳的父亲一言不发，身体颤抖着，老泪纵横。"傅小石被下放到双桥农场改造。一次，傅益璇听大哥的同学说："你大哥在那边有点傻，总是抢着去干一些体力活。"听完这话，傅益璇哭了，大哥从小就体弱多病，在家里从未干过体力活，可是父亲的教育却一直藏在他心里，他知道不管什么时候，能给别人提供一丝帮助总是好的。心里惦记着大儿子的生活，再加上整日创作耗尽了心血，傅抱石的身体越来越差。1965年，他因脑溢血离开人世，终年61岁。

　　父亲死后，母亲带着傅益璇他们艰难度日，"文革"更是让他们多次被抄家。但不管什么时候，一家人从未感到害怕，特别是母亲，哪怕日子过不下去，她的脸上也总是带着一丝淡定和坦然。经过几次抄家，傅家的房子最终被收走。大哥傅小石四处托人，最终找了间废旧的仓库，全家人才有了安身之所。

"文革"结束后，傅家的几个孩子才有了各自稳定的生活。1979年，傅益璇独自一人移居香港，当时她的想法很简单，出去找份事做，让家人过上好日子。一个人在外，傅益璇吃了很多常人不敢想象的苦。

一次在跟人谈生意时，客户得知她曾在南京待过多年，意外地竟提到了她的父亲傅抱石。当时对方并不知道，傅抱石是她的父亲。傅益璇听着别人对父亲的评价，评价他豁达的为人处世，心里无限感慨。她深深感到，父亲的一辈子没有白活，如果一个人一辈子只干了一件事，而这件事却被人记住了，那么他就是成功了。

经过多年打拼，傅益璇成了一名知名的女企业家，并有了自己的家庭，有了自己的女儿傅蕾蕾。可夜深人静的时候，父亲的影子总在她脑海里闪现，特别是父亲画画时的样子，她总忘不了。多年没拿画笔的她决定放弃自己的事业，从头开始学画，她要以这种方式走父亲曾经走过的路。与此同时，大哥傅小石、二哥傅二石、大姐傅益珊、大妹傅益瑶、小妹傅益玉均拿起了画笔，开始自学并最终成才。冥冥之中也许是父亲在指引着他们，给他们拿起画笔的勇气和力量。

多年的勤学苦练，让傅家几个兄妹在各自的美术领域形成自己鲜明的个人特色。傅小石擅长人物，《世界华人美术名家年鉴》收录了他的作品和简介。傅二石擅长山水，是国家一级美术师。傅益珊擅长印象派画风。傅益瑶和傅益玉擅长水墨。而傅益璇特别喜欢画一些普通的花草人物，这时的她才深深理解父亲当年话里深刻的含义："你心里装着这个世界，这个世界才能容得下你。"父亲是这样教育他们的，她也是这样教自己女儿的。让傅益璇欣慰的是，女儿傅蕾蕾经过自己的努力，也成为了一名青年画家。

傅益璇在家中接受记者采访

2014年7月，傅益璇历时三年完成的《傅家记事》由生活·读书·新知三联书店出版发行。短短几个月，便登上了当当网、京东商城畅销书排行榜前五名。

2014年11月18日，傅益璇在北京举办新书发布会时，有人这样问她：

　　"在你心里，傅抱石大师是怎样一个人？"傅益璇笑着答道："父亲的一辈
子都献给了他的画画事业，他爱我们爱这个家，同时他也爱脚下的这片土地
和这土地上生活的人民。在我心里，父亲永远是那个拿着枫叶驻足流连的普
通人。"

倾谈十二　父亲南怀瑾：最好的教育方式是没有方式

南怀瑾，著名国学大师，精研儒、释、道等多家典籍，一生致力于传播中国传统文化，生前著作多以演讲整理为主，出版有《论语别裁》《孟子旁通》《原本大学微言》《易经杂说》等数百种著作，并被翻译成八种语言流传世界。"上下五千年，纵横十万里。经纶三大教，出入百家言"，这是学术界给予他的高度评价。2012年9月29日，南怀瑾于苏州太湖大学堂去世，享年95岁。

南怀瑾十分重视言传身教，曾提出"言教身教家教是一生的功课"，三子南一鹏作为子女中陪伴在父亲身边最久的一位，其学问与言行深受父亲影响。在父亲离世三周年之际，南一鹏亲自撰写了《父亲南怀瑾》。和"国学大师"称号不一样的是，在南一鹏眼里，父亲只是一个平凡的老人，他有着平凡的生活，也有着平凡的爱，有对自己最深的爱，就像一个邻家老者，有喜怒，也有哀乐。

自己只有一碗饭，也要分半碗给别人

南一鹏，1955年出生于中国台湾省基隆市，上有两个姐姐，下有一个弟弟。父亲南怀瑾祖籍浙江省乐清县，1935年，17岁的南怀瑾奉父母之命与姨表姐王翠凤成婚,婚后育有两个儿子。1949年2月,因战事绵延南怀瑾只身赴台经商,从事船运生意。不料这一走,他却与老家的亲人音讯断绝了三十年。身处异地,南怀瑾时时挂记着家乡的一切,可因为种种原因,他回不去,无奈之下只能把这种思念深藏于心。

一次,台湾一家小旅馆失火,南怀瑾在火场中救下了一位名叫杨向薇的吉林长春姑娘,见她可怜便收留照顾。后来两人结为夫妻。生下两个女儿后不久,南怀瑾的生意遭遇了重创。他的船出去运货,恰好遇到大陈岛战役,所有船只都被征收用来载人撤离,货物也丢了。这一次的意外让南怀瑾欠下了大笔债务。

南一鹏先生与父亲

南一鹏出生时，正是父亲生意失败的时候，一家人挤在基隆海滨一个陋巷中，生活艰辛潦倒。而在如此困顿的生活中，父亲的心态却很平和，始终面带笑容，他常对孩子们说："咱家还有住的地方，缸里还有米，日子还能过就有希望。"有段时间，家里三餐不济，家人眼看就要饿肚子了，朋友送来了半袋米，这对家里来说，简直就是雪中送炭。然而父亲听说附近有户人家已无米下锅，马上拎着这半袋米出了门，亲自送给了那一户人家。到了下顿饭的时候，家里粮食存量不够，只能煮粥。餐桌上，父亲端起碗，平和而慈祥地对孩子们说："受了别人的帮助，也一定要去帮助别人。即使自己碗里只有一碗饭，也要分出半碗来帮助别人。人与人之间就是这样，谁也说不准啥时候会遇到难处。"

年幼的南一鹏似懂非懂，母亲摸摸他的头，笑着说："长大了，你就懂了。"在南一鹏的记忆里，母亲是一个慈悲且善良的女人，她以单薄的脊背挑起了家中的所有杂物，日日操劳，还要照顾四个年幼的孩子，把这个家操持得井井有条，对丈夫的任何决定都支持。有时邻居家里做了什么好吃的，拿一只碗盛了送过来，母亲必定郑重道谢，把孩子们叫过来享用一顿美餐后，再将碗仔细洗刷干净，并把家里最好的食物重新盛到碗里，再捧着碗还回去。她告诉几个孩子："无论什么时候，别人送来了东西，一定不能把空碗送回去，这是失礼的事，必须要把碗里盛满东西再送回去。"

父亲的慷慨无私，母亲的慈悲善良，这些生活中的点点滴滴，慢慢教会了南一鹏最初的待人接物之道。所以童年的穷困并没有给南一鹏幼小的心灵留下阴影，在他印象中，家里虽然破旧，却被收拾得干干净净，母亲的穿着虽然不算华贵，却永远干净整洁，父亲的长袍也永远素净挺括。每到新年，南一鹏和三位兄弟姐妹都会换上一身棉袍，和父母一起照一张新年合影。父亲和母亲尽自己的力量，平和从容地应对着生活的苦难，从未让贫苦的日子在四个孩子的心里留下半分不好的痕迹。

慢慢地，在父母的苦心经营下，家里的日子逐渐好了起来。考虑到南一鹏体弱多病，父亲为他找来一位孙师傅教他练拳。孙师傅是一位拉车师傅，父亲对他却特别尊重，并告诫孩子："不管是谁，只要从他身上能学到有用的东西，喊他一声'师傅'，那么你就要从心里去尊敬他。"一次刮起了台风，家中停水停电，大水淹到了屋里，父亲却在这时带着一些食物和用品，要带着南一鹏出门探望孙师傅。原来孙师傅住的地方地形低洼，比他们家更容易淹水。回去的路上，南一鹏和父亲衣服都被淋湿了，他紧紧牵着父亲的手，跟着他的脚步一步步地朝前走，对他来说，这是难得的跟父亲独处的时光。

平淡的日子，别丢了一颗品尝生活的心

南一鹏读书识字后，父亲便开始要求他背书，《三字经》《千字文》《古文观止》《千家诗》《唐诗三百首》等。每天早上父亲出门前，会拿出一本书，圈上一篇文字，让他背熟，傍晚回来再抽出这本书，坐在桌子前考察他的功课。背书的过程多半是痛苦的，幸而父亲每天指定的任务不多，一般要背的内容不到一百个字。他曾问父亲："读这些书有用吗？"父亲告诉他："不管什么时候，也不管日子过得多么平淡无味，生活总是多姿多彩的，它等待我们品尝，而读书、画画、习武，会让你的生活变得更有味道。"这些最初的积累和熏陶，对南一鹏的影响是非常长远的，不仅培养了

他的文学爱好，更奠定了他坚实的文学基础。南一鹏上初中时，父亲开办了东西精华协会，工作更加忙碌，没有时间再督促他学习，但年幼时养下的习惯，让他不需父亲的监督，也能安心学习。

父亲有一间书房，到了晚上，他必然要泡上一杯浓茶，在书房里挑灯读书直到深夜。南一鹏最大的爱好，就是在白天下课后溜进父亲的书房里，偷偷翻看父亲的书桌，看看父亲昨晚又看了什么书。每到这个时候，南一鹏就像发现了一个独属于他的秘密，心中无比欢喜。这样的行为就像是父子间一种隐秘的交流方式，让南一鹏觉得开心又满足。往往父亲刚刚读完的一本书，就会成为南一鹏的下一本读物。很快，父亲就发现了儿子的小秘密，他对这个"偷书贼"却十分宽容。南一鹏再去看书时，发现书架上多了许多新买的儿童书籍，这让他欣喜不已，他知道这些都是父亲的心意，也是父亲最深的爱。

跟在父亲后面偷学，南一鹏读了许多书，中国名著、希腊哲学史、罗马神话……这些书，都成了他生活中的"盐"和"糖"。

除了书之外，父亲还特别注重生活礼仪。他认为一个人的礼仪关系一生，不管到了哪，有好的礼仪，再苦的生活，也会变得有滋有味，人也才会活出自己的姿态。南一鹏记得，父亲曾手把手地教他使用筷子："筷子一定要握在最高处，否则以后娶到的媳妇会离家很近。"看到孩子们吃饭的时候碗里剩下饭粒，会开坑笑地说："碗里不能剩饭粒，否则以后娶到的老婆脸上会有麻子。"小孩子比较顽皮，一家人在一起吃饭，看到喜欢的食物，兄弟姐妹们经常你争我抢，在餐桌上哄闹。母亲教训了几次，让他们遵守餐桌礼仪，注意坐相和吃相，小孩子们却不管，看到好吃的就把母亲的话浑然抛到了脑后。父亲并不呵责他们，反而笑眯眯地念了一首打油诗："抢菜无如李四麻，未尝就坐手先抓。常将一箸夹三筷，喜把双肩扎两家。咬破舌尖流紫血，吮吸手指灿莲花。酒足饭饱浑无事，闲倚栏杆扣板牙。"四个兄弟姐妹被逗得哈哈大笑，纷纷坐回自己的位子，老老实实地夹菜。时隔多年，南一鹏却一直记得这首诗，他们兄弟姐妹良好的生活习惯和教养，就这么被父亲以幽默风趣的教育方式，一点一滴地培养起来。

南一鹏幼时的家庭合影（中间为南怀瑾夫妇）

一次，南一鹏参加学校联考，因为信心不足，他有些忐忑不安，便央求母亲："能不能让父亲陪我去？"母亲指了指书房："自己去跟爸爸说。"南一鹏走进书房，支支吾吾地提出希望父亲陪自己去考试。当时，父亲穿着一件长袍，听完儿子的话，爽快地答应了："你先等一会儿，我换件衣服。"听到父亲答应了，南一鹏高兴坏了。在外面等了好几分钟，父亲才换好西装出来。母亲走上前去，帮他把衣服领子都理好，又仔细地看看身上是否有什么地方不合适，才最终出门。

次数久了，南一鹏发现，父亲在家一般都穿中山装或者长袍，但只要出门，却会换上一身正式的西装，他说这是对别人的尊重，也是一种与人相处的礼仪。在父亲的言传身教下，南一鹏兄弟姐妹几个，不管什么时候，身上都是整整齐齐的，特别是出门见客，总是有礼有节。父亲曾欣慰地看着几个孩子，笑着说："你们如果能把好的习惯保持下去，即使学业上碌碌无为，我也很满足。"对南怀瑾来说，父亲，其实也是一种"姿态"，不管何时，他都想给孩子留下一个最好的印象。

坚持"散养"，最好的教育方式是没有方式

1980年，25岁的南一鹏大学毕业，又到部队服了两年兵役后，前往美国闯荡。出去之前，南一鹏再一次推开了熟悉的书房，久久地流连在书架前，最终从书架上精心挑选了几本书，放进了行李箱。每次想念父亲，他都会翻出那几本书读一读。

出去之后，南一鹏来到

父亲送南一鹏出国

了美国洛杉矶的核桃市，自学了电脑程式设计，并从事这一方面的工作。为了更快地融入当地，与当地居民友好相处，维护华人在当地的权益，南一鹏与几位有志之士集合了当地的华裔居民，组织成立了华人协会。每到传统的中国佳节，南一鹏都会组织当地的华人一起举办热闹的庆祝活动，还会亲自为当地的孩子讲解传统的神话故事，他甚至创办了一所中文学校，并成为家长会会长。

定居美国后不久，南一鹏也组建了自己的家庭，并养育了一对可爱的儿女。在美国，华裔人士时常受到歧视与欺辱。大多数人遇到这样的情况，只是摇摇头就算了，南一鹏却不希望两个孩子受到不公平的待遇也一声不吭，甚至习以为常，他多次想跟孩子谈谈这件事。然而父亲却一直告诫他，最好的教育方式就是没有方式，作为父母不要强求孩子去接受自己的观点，哪怕你自己的观点是对的，因为填鸭式的爱从来都带着目的，也会给孩子带来负担。思前想后，南一鹏什么也没说，只是让两个孩子自己去思考并自己寻获正确的答案。受父亲的影响，南一鹏也认为，所谓的教育，不是要教人什么思想，而是要教人怎么去思考。只有教会人怎样思考，才能拓展一个人的眼界，使之不局限在现有的思维中。

南一鹏致力于帮助核桃市的华裔父母，如果有谁家的孩子受到了学校或老师的不公正对待，南一鹏都愿意帮忙，主动站出来要求学校和老师纠正他们的不当行为。即便在生活中，见到华裔同胞受到不公正的对待，南一鹏也会毫不犹豫地挺身而出。有时候想一想，他的这股侠义之气，应当也是自父亲的身上继承而来。南一鹏希望通过自己的言行影响孩子，让他们自己思考判断。一对儿女不负所望地以父亲的言行为参考，树立了正确的人生态度，勇于追求合理与公正，并且非常善于独立思考，这让南一鹏很欣慰。

2001年年底，南一鹏参加了核桃市议员的选举，众多的社区团体和邻里朋友全力支持南一鹏，帮助他打理事务、整理文件、走访宣传，南一鹏最终成为那届选举第一高票当选的候选人。2002年4月23日晚，南一鹏宣誓就任，成为美国加利福尼亚州核桃市的第二位华裔市议员。对于朋友们热情而又无私的帮助，南一鹏十分感恩，他想到了小时候父亲送给邻居的那半袋米和母亲那从不空着的碗，所以只要有能力帮到别人，他都在所不辞。

两个子女长大后，不管人生面临什么选择，南一鹏都会让他们自己去决定。用他的话说："每个人的路只能自己去走，不管是错的还是对的，走了才知道好坏。"在这种"散养"模式下，两个孩子对他，就跟他对父亲一样，爱到了心里，常常跟他像朋友一样谈心聊天。

南一鹏先生与老家的两位哥哥及大娘合影

　　2012年9月，南一鹏收到了远隔重洋的弟弟南国熙打来的电话，电话里弟弟哽咽着说，父亲病重。挂了电话，南一鹏悲痛难抑，马上办理手续，和妻子一同回国。9月29日，父亲去世，南一鹏和几位兄弟姐妹沉痛地送走了父亲，并联合发表声明，将父亲留下原本属于子女的权益全部捐献。

　　南怀瑾的离去，让无数尊他为师的人无限哀悼，作为在父亲身边陪伴最久的一个儿子，南一鹏对父亲的思念更是无以言表。很多次，坐在父亲生前最爱待的书房里，南一鹏泪流满面，记忆中的一幕幕常常在他眼前闪现。细想起来，父亲给他的"财富"，从来都不是那些有板有眼的教育，而是生活中的点滴，父亲就像是一面镜子，时时映照着自己，也映照着孩子。

　　悲伤过后，南一鹏将思念寄托于笔端，写下了《与天下人同亲：我的父

《父亲南怀瑾》新书发布会

亲南怀瑾》一书，并在自序中写道："身教、言教、家教，是我一生的功课"。这本书于2014年3月1日出版后，收获了无数好评，人们从这本书中看到了南怀瑾大师平凡的一面，并从这些平凡的事迹里读懂了大师平凡而又不凡的一生。父亲的言教、身教和家教让南一鹏获益良多，读者们从书中看到国学大师亲切和蔼、慈祥宽厚的一面，也备觉温馨和感动。

2015年9月29日，是南怀瑾大师仙逝三周年的日子，南一鹏多方取材查证，再次提笔，写下50万字的《父亲南怀瑾》一书，更加完整地记叙了父亲南怀瑾的一生，并于父亲故去三周年这一日于北京共青团中央影视中心举办了新书发布会。10月初，这本书正式上架，很快跃至"新书推荐榜"。《父亲南怀瑾》是迄今为止首部最完整、翔实地还原南怀瑾一生的作品，在《父亲南怀瑾》一书的最后，南一鹏写道："父亲在病榻最后告诉诸生的话，唯有两字：'平凡'。"他希望这本书能够如实地把自己知道、了解和收集到的关于父亲的故事写出来，争取还原历史事实，留一本记录供后世参究，还原一个真实而平凡的父亲。

倾谈十三　豫剧大师常香玉：让孩子体会到吃苦的甜头

　　常香玉，1923年出生于河南省巩县，享年82岁，中国最知名的豫剧表演艺术家，豫剧"常派"创始人，2004年，被国务院追授"人民艺术家"称号。她的唱腔字正腔圆，运气酣畅，韵味醇厚，毛泽东曾亲自向周恩来推荐她主演《破洪州》。年轻时，常香玉做过在很多人眼里十分大胆的事：冲破父母的"媒妁之言"，勇敢追求自己所爱；开办"西安私立豫剧补习学校"；抗美援朝时，义演筹资捐献了"香玉剧社号"战斗机。常香玉一生育有三女一子，常小玉、陈小香、陈嘉康和常如玉，加上丈夫和前妻所生的儿子陈金榜，共五个孩子，五个孩子均是她培养长大。近日，记者采访了常香玉大女儿、"常派"豫剧传承人常小玉。她说母亲是苦出身的人，从小到大，母亲只教会了孩子们一件事：吃苦。有苦多吃，没苦找苦吃。"要想成人，必先吃

常香玉夫妇

苦"成为常香玉留给孩子们受用一生的财富。

母亲的"土教育"：吃足够多的苦才能成人

常小玉，1945年出生于陕西省宝鸡市，豫剧表演艺术家，"常派"豫剧传承人，现定居于河南郑州。从有记忆开始，常小玉便生活在母亲的光环当中，沾着母亲的光，她常常有机会接触到各种各样的人，听到的最多的都是关于母亲的传奇故事。

母亲原名张妙玲，后改名为常香玉。她出生时，家里很苦。因为苦，母亲的四个姑姑都去当了童养媳。为了改变家庭的现状，外公张凤仙便在外面偷偷搭台唱戏养家。因为嗓子好，唱得戏文好听，靠着唱戏挣的钱倒也养活了一家老小。母亲八岁之前，生活也算安稳，最起码有口饭吃。外公觉得即使生活过得去，也要让孩子知道过日子的不易，所以外出唱戏时，常常会带着母亲。母亲便搬着一把小凳子，坐在台下听父亲唱戏。耳濡目染之下，母亲竟也能哼唱几句。

母亲八岁那年，外公遭同行嫉恨，喝的水里被下了哑药，嗓子一夜之间坏了，再也不能登台唱戏。眼看着一家人的生活没有着落，家里的长辈便提出让母亲出去给别人当童养媳，这样还有个活路。从小看着几个姑姑过着非人的日子，母亲怎么都不愿意，她抱着外公的腿，再三恳求："我跟你去唱戏，但就是不去当童养媳，你如果逼我，我就去死。"

在那个"父母之命"的年代，常香玉的勇气震慑住了很多人，谁也想不到一个八岁的孩子能说出如此决绝的话。很多年以后，回忆起那段往事，常香玉曾跟子女们说："当时我就想着，自己的命掌握在自己手上，我有手有脚，有信心能养活自己，所以我绝对不去做那低人一等的童养媳，否则我会看不起自己。"靠着要跟父亲学唱戏的决心，常香玉摆脱了当童养媳的噩运。

可那时候，戏子是一般人瞧不起的职业。听说她要出去唱戏，族里的长辈们都不同意，觉得她丢了祖辈们的脸，甚至放出狠话，只要她去唱戏，就不能再姓张。常香玉不知从哪里来的勇气，她对父亲说："爸爸，我已经决定了，就算把我赶出家门，这个戏我也学定了。"常香玉跟父亲保证，如果半路上打了退堂鼓，她以后的人生就任由父母安排。

有女儿这句话，张凤仙便带着一家老小，开始四处流浪，一边要饭一边教女儿唱戏。老父亲坚信，只有吃足够多的苦，才能出人头地。为了把女儿培养出来，张凤仙特意做了一根鞭子，女儿唱得不好，鞭子便抽上身。常香玉身上到处都是鞭子抽打的痕迹。有时为了赶场，需要连夜赶路，即使走在田间的小路上，张凤仙也会逼着女儿练功。没完成任务，就不许吃饭。在父亲的铁血教育下，常香玉成长很快，从小县城唱到大城市，从跑龙套到成为主角，小小年纪便成了"名角"。常香玉深知没有父亲当初的狠心，就没有现在的自己，父亲的那句"要想成人，必先吃苦"的箴言也牢牢地记在了她心里。

1943年，20岁的常香玉到陕西宝鸡为河南难民募捐演出。在这里，她认识了比她大6岁的后来的丈夫陈宪章，一个有文化有涵养的读书人。在认识常香玉之前，陈宪章已经离过两次婚，并有了孩子。一个事业蒸蒸日上，一个是落魄的文化人，两人日久生情。可家里人都不同意他们在一起，常香玉凭借一股泼辣劲再次说服了父母："我的婚姻大事我自己负责，不管幸福不幸福，都不怪你们，但是现在如果你们不让我们在一起，那我肯定要怪你们。"

1944年，两人喜结连理。

常小玉出生后，跟父母在一起的时间很少，那时母亲整天在外演出，父亲须跟着，一边编戏，一边照顾母亲的生活起居，只能委托家里的亲人轮流来照顾孩子。让常小玉感到欣慰的是，母亲为了不让她过颠沛流离的生活，总是让家里的亲戚来到她身边照顾她，从未让她今天在这家住几天，明天在那家住几天。常香玉说："孩子小，应该给她一个稳定的家，这样孩子长大了胆子才大。"长大之后，常小玉曾对母亲开玩笑说："这可能是我们小时候你唯一对我们温柔相待的地方。"

很快，常小玉下面有了大妹陈小香，弟弟陈嘉康，小妹常如玉，前面还

家庭合影（中间常香玉、陈宪章夫妇，上中儿子陈金榜，上右女儿陈小香，下左女儿常小玉，下中儿子陈嘉康）

有父亲和其前妻生的大哥陈金榜。他们兄弟姐妹五个一直跟随父母生活。父母不在的时候，大哥陈金榜便成了他们的"生活管家"，不仅照顾他们的饮食起居，还负责督导他们的言行举止。常小玉六七岁时，无意中见到母亲在台上的风姿后，便嚷着要学戏，并跟母亲当年一样声称，什么苦都能吃。常香玉见孩子信心十足，同意让她试试，但是却把话撂到前面："一旦入了这个门，就没有回头路，要么就不唱，要么就好好唱。"常小玉忽略了唱戏的苦，只觉得台上很风光，喜滋滋地答应了。跟其他几位同门师姐师兄一起，常小玉拜了母亲为师。从那以后，常香玉不仅是她的母亲，更是她的师傅。

要想唱好戏，必须从基本功开始练起。在这一点上，常香玉的要求近乎严苛。一次，外面天气很热，常小玉练功练得满头大汗，累得路都走不动了，趁着母亲不在，她便想着偷会儿懒。还没坐下两分钟，母亲突然出现了，见到她坐在地上休息，气得拿起鞭子就要打上来，责备她："别人在练，你为什么休息？难道你跟别人不一样？还是说你比别人学得好？"母亲的话让常小玉羞红了脸，眼泪直打转，对一个小孩子，母亲的这些话实在难以承受。常香玉不仅责骂了女儿，还加大了女儿的训练力度，作为对她偷懒的惩罚。

光吃这些苦还不够，常香玉想着办法给孩子们找苦吃。家后面有一块空地，常香玉觉得浪费了太可惜。七月的天，气温高得吓人，她让几个孩子去把空地拾掇出来，好种菜。常香玉这么做，就是不想孩子养尊处优，把性子养娇气了。几个孩子虽然不愿意做，可迫于母亲的压力，只能顶着日头干。没干一会儿，弟弟陈嘉康便受不住了。哥哥姐姐心疼他，让他坐在树荫底下休息休息，剩下的事他们来做。哪知常香玉回家看到后，不仅没表扬几个大

孩子，还狠狠地批评了他们："他跟你们一样，有手有脚，这点苦怎么不能
吃，别人吃的，他就吃的。在家里，有你们照顾，等出了门，谁照顾他，谁
给他特殊？"母亲的话在家里一直是"权威"，谁也不敢反驳，陈嘉康只能
跟着哥哥姐姐一起干。

吃苦并不一定会甜，但不苦一定不会有甜

在常小玉看来，母亲对他们兄弟姐妹几个，大多时候都是不近人情的，
她总是很严厉地指出你要怎么做，很少温情脉脉地抱着他们，跟他们说会儿
话。特别是在锻炼孩子吃苦方面，母亲有着让人难以理解的执拗。

1964 年家庭合影（上左边起：女儿常小玉，儿子陈嘉康，女儿陈小香；中间：常香玉、
陈宪章夫妇；下：女儿常如玉）

常香玉把大女儿常小玉、二女儿陈小香和小女儿常如玉，送到了北京一家戏曲学校，进行专业、系统地训练。在外学戏，人生地不熟，几个孩子常常抱在一起哭，十分想念母亲。

一次，常香玉去北京演出，顺道去看了看几个孩子。母亲的到来，让她们喜出望外。谁知母亲见到她们后，只问她们戏学得怎么样，甚至还找老师谈心，让她对几个孩子严加管教，越严越好，越苦越好。对于母亲的这些举动，常小玉和大妹陈小香只能忍着，二妹常如玉却忍不下去了。在几个孩子中，常如玉是嗓音条件最好的一个，母亲从小就对她抱有特别高的期望。可在常如玉看来，她的母亲就像只是一个铁面无私的师傅，叛逆的她一直想要打破这个局面。

终于，母亲的这次到来，让她彻底爆发，她对母亲说以后再也不唱戏，而要去做自己想做的事。甚至不顾母亲的反对，不想再跟豫剧沾上一点边。常香玉心里生着气，便仍由小女儿自己去闯，不管孩子在外面吃多少苦，即使心里疼，她也从不表现出来。常香玉觉得自己就是这么过来的，父亲的"苦教育"育成了她，自然也能育成她的这些孩子们。

常小玉15岁时，再次回到母亲身边，跟着母亲走南闯北地演出，渐渐地也有了一些名气。一次，她在上台演出时，不小心唱错了一句词，底下的观众都没听出来，可常香玉听出来了。常小玉下台后，见母亲板着脸看着她，顿时觉得不妙。果然，母亲指着她说："作为一个戏曲演员，连最基本的台词都背不会，你还能做什么？"常小玉感到很委屈："不就是一句话，下次我注意就行了，没必要说得这么严重。"

女儿的话彻底激怒了常香玉，她发火了："对戏曲演员来说，戏比天大，如果没有一颗敬畏之心，你趁早改行。"母亲当着所有人的面凶自己，常小玉感觉面子上过不去，委屈地大哭起来。哪知大哭也没能让母亲心软，常香玉给女儿下了一道死命令：每次上台前，必须给自己30分钟时间，把台词捋好，不允许出一点错误。母亲当初要求她养成的习惯，直到现在常小玉还保留着，她当时不理解，现在却异常感谢母亲。

慢慢地，几个孩子大了，有了各自的事业。当初不愿学戏的常如玉，去了部队，成了一名军人。家人劝常香玉，说她认识人多，让她找找人，给孩子找个轻松点儿的差事。常香玉嘴上答应，实际上什么行动也没有，她觉得部队是最能磨炼人的地方，女儿在那里，一定能成材。常如玉把这一切都理解成母亲对自己的"忽视"，一气之下，30岁的她毅然决然地去了美国，此后多年都未回来。常小玉曾就此事跟母亲聊过，她问母亲："如果你肯帮小妹一把，让她少吃点苦，或许她就不会去美国。"常香玉笑着摇摇头："人都说先苦后甜，吃苦也许不能换来甜，但不吃苦，绝对没有甜。"

在常小玉的记忆中，母亲总是果敢坚强的，即使是为别人好，她也不说出来，难得见到她的柔软。让常小玉"吃醋"的是，母亲偶尔的柔软全都留给了别人。

一次，常小玉下了台后正在卸妆，突然看见母亲急匆匆地跑进来，对大家说："把你们身上的钱都筹一筹，我有急用。"原来，演出的时候，常香玉听说村上有个孩子家里很穷，父母都生病了，日子几乎过不下去，她不忍心，便想帮帮这个孩子。跟着母亲一起，常小玉去看了那个孩子。到了那孩子家后，常香玉帮着把家里仔细收拾了一下，然后搂着孩子坐在一边安慰她说："我把我的地址给你，以后要是有什么困难你写信跟我说，我肯定会帮助你，你还小，要好好读书，做个文化人才有出息。"

这一幕在常小玉脑子里挥之不去：

说话时那样温柔的母亲，从来没在我的记忆中出现过，她轻抚着那个孩子的头，一下又一下，说着安慰他的话，面带笑容，语气亲密。我的心里有一种说不清的感觉，这样慈祥的妈妈是我盼了很久的，我多想她也能抱抱我，问问我苦不苦，累不累。可这样柔软疼爱的话，我们兄弟姐妹几个却从未听过。

回去的路上，常小玉忍不住问母亲："妈妈，您把钱给他就行了，为什么还要跟他说那么多话？"常香玉回答女儿道："那个孩子一直以来都是一个人撑着一个家，心里肯定有很多委屈，钱不是最重要的，最重要的是让他不觉得孤单，我陪他说说话，让他把心里的不痛快都说出来，这样他心里会轻松一点儿。"对一个素不相识的孩子，母亲竟能这么体贴，这让常小玉实在想不通。快到住的地方时，母亲又叮嘱她说："以后要是有人需要你帮忙，你能帮就帮，不要视而不见。"说完，母亲便进了自己的房间。

常香玉这么要求孩子，同样也这么要求自己。抗美援朝时，她义务演出几百场，硬是筹资捐献了一架直升机；她和丈夫办"豫剧学校"，专门招收穷苦的孩子。她的温情总是在孩子们看不见的地方闪闪发光。慢慢地，常小玉他们长大了，才逐渐体会到母亲的苦心，她对子女不是不疼，不是不爱，只不过掩藏在严格的外表之下，她不想把孩子们宠出一身的毛病。她知道，总有一天，孩子们需要独立去闯，今天的纵容便是明天的伤害，而有以前吃的那些苦，遇到风雨才能扛过去。

生活就如唱豫剧，唱得响亮活得亮堂

很快，常小玉兄弟姐妹都成家立业，定居在郑州。孩子大了，常香玉便把心思放在了孙辈身上，在所有孙辈中，她对后来的"小香玉"期望最高，付出的心血也最多。"小香玉"原名陈百玲，父亲陈金榜。虽然常香玉不是她的亲奶奶，可她出生后是在常香玉身边长大的，对她来说，两人的祖孙情重于一切。作为常香玉的继子，陈金榜几乎是在继母的严厉管教下成为一名豫剧表演艺术家，算得上是继母"吃苦派"的最佳传承人。

女儿陈百玲小的时候，他便把她送到常香玉门下，让她学戏，并且跟父母说，一定不要纵容孩子，要让孩子吃苦。

陈百玲十岁的时候，学校老师让她练小翻，她不愿意。陈金榜知道后，当即给老师打电话："让她翻十个，不愿意就翻二十个，再不愿意就翻一百个，直到她愿意为止。"陈百玲听说父亲如此狠心，忍不住跟奶奶诉苦。常香玉劝她："你爸爸的脾气，也是受我影响，不过他也是为你好。"从奶奶那里没有讨到"甜头"，陈百玲只能默默忍受，因此练下了扎实的基本功。后来上台后，不需要父亲给自己找苦吃，陈百玲开始自己给自己找苦头，她让老师给她安排最难演的角色，背最多的台词。别人都说她傻，只有她自己甘之如饴。很快，"小香玉"崭露头角，后来成为豫剧的代表人物。

1995年，小香玉想在山西创办一所豫剧学校，专门招收贫苦的孩子，免费教授他们豫剧和文化知识。常香玉知道后特别支持，一再催促她把这件事办好。可想开办一所学校，哪是容易的事。很多事情纠缠在一起，让小香玉有了放弃的念头。常香玉知道后，特意赶了过去，帮着她跑到各个部门去沟通汇报，把该办的事情办好。奶奶的到来，让小香玉很感动，这些年，奶奶从不求人，没想到为了这所学校，她竟然付出这么多。

常香玉笑着对孙女说："为了这些孩子，求人不丢脸。"闲聊时，常香玉告诉孙女："人活一世，不可能每个人都有出息，但有一样东西绝对不能丢，那就是善良，有一颗善心，才会明白是非黑白，才能在别人困难的时候伸出一把手。'人'字，简简单单的两笔，你撑着我，我撑着你，这才叫'人'。"奶奶的话让小香玉不敢忘记。此后多年，从她的"山西省小香玉希望艺术学校"走出了很多优秀的贫困儿童。

2000年7月9日，常小玉的父亲陈宪章去世。爱人去世，常香玉精神大不如前，常常坐在那里发呆。孩子们不放心，便请了一位阿姨照顾她。几个子女轮流去看她，陪她说说话。老了之后，常香玉反而没有以前"狠心"，总是心疼孙辈们，怕他们过得不好。没多久，常小玉告诉母亲，小女儿要去美国求学。常香玉知道后，一个劲地叮嘱："孩子出去读书是好事，多带点钱，别苦了孩子。"常小玉听后，直抱怨："老太太你以前对我们可没这么宽容，怎么现在对孙子孙女这么仁慈，这可不像你的性格。你忘了你说的那句话了：'吃苦方能成人'。我们都是这么过来的，我们的孩子肯定也能吃下这份苦。"

女儿出国后，常小玉便让她自力更生，凡事只依靠自己，不到万不得已，决不向家里求助。一次，女儿在美国找工作被骗了，没有拿到工资。眼看着下顿饭没了着落，她便给母亲打去了电话，常小玉知道后，虽然心疼，可依然狠心说道："你已经是个大人了，这点小事能自己解决，如果一有困难就向家里求助，以后遇到更大的事怎么办？"母亲的狠心，让女儿很长一段时间不能接受。直到后来自己为人父母，她才慢慢体会到"吃苦"的甜头。

常小玉和父母合影

2004年6月1日，常香玉去世，享年82岁。母亲去世后，几个子女经常会在一起相聚，每个人心里都清楚，他们肩上扛着的是沉甸甸的豫剧，是母亲留下来的精气神。同样，几个孩子也没让常香玉失望，继子陈金榜成了中国曲艺家协会会员，他的艺术简介被收录在《中国曲艺界名人大词典》中；大女儿常小玉，是知名豫剧表演艺术家，当今"常派"艺术代表人物；二女儿陈小香，常派声腔艺术重要传承专家；小女儿常如玉，2002年母亲去世前夕才开始学习常派戏曲艺术，2013年出版了个人艺术专辑《香玉·如玉》；孙女陈百玲，荣获中国戏曲梅花奖，成为中国戏剧家协会会员，郑州大学中文系艺术顾问。每个人都活得如豫剧那般，响亮，亮堂。

倾谈十四　母亲严凤英：极讲原则的厉害妈妈

严凤英，著名表演艺术家，中国黄梅戏的重要开拓者和贡献者，因《天仙配》中经典唱段"树上的鸟儿成双对"闻名于世。她一生主演了50多部大小剧目的黄梅戏，将黄梅戏从一个名不见经传的地方戏，变成全国观众喜欢的大剧种。然而，因为历史的原因，严凤英的生命定格在38岁，当时她的大儿子王小亚才14岁，小儿子王小英才11岁。两个孩子中，王小亚由于从小耳濡目染，对黄梅戏有极大的兴趣，长大后成了母亲的接班人。

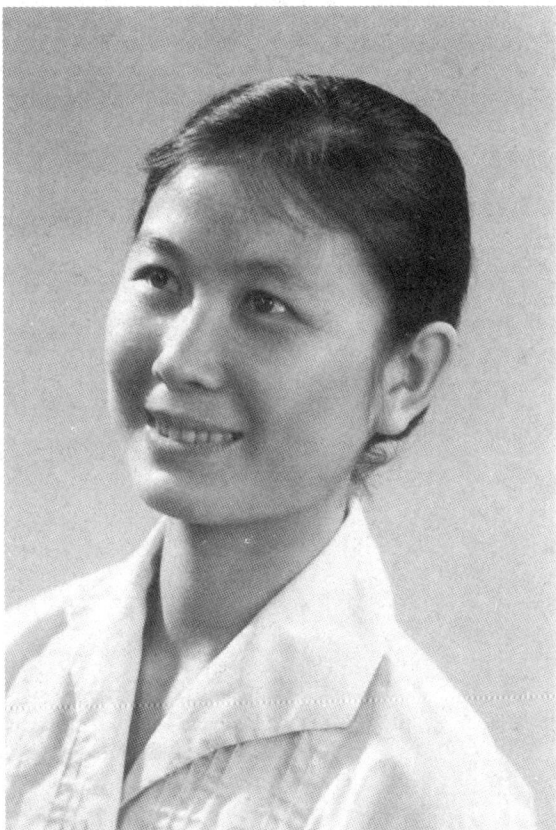

严凤英小照

王小亚回忆母亲时说记忆中的母亲是极讲原则的，只要他做错了事，哪怕是一粒米、一分钱的小事，都可能招来母亲的一顿打，然而正是母亲的这种"厉害"，才成就了今天的他。

"筷子上的饭没吃干净，就不能往碗里夹菜"

严凤英1930年4月出生于安徽安庆龙门口韦家巷一条小岔巷的简陋住房里，祖籍桐城县罗家岭。严凤英为了学艺，经历了很多常人无法想象的苦难，但她是一个坚强、有理想的人，早已把黄梅戏看成自己生命的一部分。她12岁开始学艺，15岁就登台崭露头角，20岁即蜚声海内外，主演的《天仙配》《女驸马》在1999年被国家公布为建国以来的精品剧目。在外人看来，严凤英是黄梅戏

《天仙配》化妆

一代名伶，是宗师，但是在儿子王小亚和王小英看来，她就是一个特别有原则的厉害妈妈，孩子只要违反了她的原则，挨打是少不了的，而且打得特

别狠。

1954年，严凤英在安庆生下了长子王小亚。后来严凤英到安徽省黄梅剧团工作，王小亚就跟着妈妈从安庆搬到了省会合肥居住，住在剧团的大院里。从王小亚记事起，严凤英对他的教育就特别严格，甚至严格到一粒米、一丁点菜都不能掉、不能剩。

王小亚记得小时候有一次，一家人坐在一起吃饭，那天的菜很好吃，有肉，他吃得特别香。因为吃得有些急促，没有把筷子上沾的饭粒吃干净，就去夹菜，严凤英突然伸出筷子"啪"的一声打在大儿子的手上，王小亚疼得赶紧缩回手，拿筷子的手上瞬间出现一条红红的印子。眼泪在他的眼眶里打转，可他不敢让它落下来，看着坐在饭桌对面的妈妈，心里特别害怕。

果然，饭后，严凤英就把王小亚叫进房间，拿出一把尺子。那是一种很大很宽、旁边还带刀片的尺子，王小亚和弟弟管它叫米打尺。看到严凤英拿出尺子，王小亚直往后退，然而妈妈却一把揪住他，抓起他的手就打，不是轻轻地打，是使劲地打，毫不心疼，打得王小亚直疼到心里，忍不住放声大哭。看到孩子哭了，严凤英严肃地批评他："妈妈小时候到处流浪学艺，吃了上顿没下顿，为了吃饱肚子，帮人家洗碗洗碟，什么活都干。你们现在过上好日子了，就不懂珍惜，筷子上沾了饭也去夹菜，遇到油水，这粒饭说不定就会掉到桌子上，不能吃了，浪费。"

那时，年幼的王小亚还不能完全理解母亲的做法，只知道因为几粒米饭被母亲打太委屈。不过因为惧怕母亲的尺子，以后就长了记性，吃饭时总是把筷子上的米粒吃完才去夹菜，总是在碗里的米饭和菜被吃得干干净净后才敢放下筷子。久而久之，这就成了他吃饭的习惯，绝不会在饭桌上浪费一粒米、一点菜，而他的孩子，也绝对不许在饭桌上有任何浪费，在王家，浪费粮食是可耻的。

王小亚3岁那年，严凤英把他送进了安徽省省委幼儿园，那是合肥最好的幼儿园。可能严凤英一直觉得自己读书少，希望给自己的孩子最好的教育，所以王小亚从幼儿园到中学上的都是合肥市最好的学校。那时好的学校都是需要住宿的，实行的是半军事化管理，所以他真正和母亲待在一起的时间并不是很多，只有到周日休息时才会被母亲接回家。

那是上小学的时候，一个夏天的午后，王小亚写完作业便想到大院里玩，出门时看到饭桌上有一枚5分钱，后来想想这5分钱可能是母亲有意放在那，想试探他的。那个年代，5分钱能买到不少好吃的。王小亚四下看看，发现家里没人，严凤英可能去剧团排戏了，便赶紧抓起那5分钱飞奔下楼，来到小卖部买了一根冰棒吃。至今，他还记得那根冰棒又冰又甜，吃完后全身凉爽。和大院里的孩子们疯玩了一下午后，天快黑时，他才满头大汗地跑回家去吃晚饭。谁知，刚进家门，就看到母亲手拿米打尺，虎着一张脸坐在椅子上。

"跪下。"严凤英特别凶地对大儿子说。

当时王小亚还以为是自己玩得太晚，惹母亲不高兴了，便听话地跪在母亲的面前。"把手伸出来。"严凤英站在王小亚面前，一手举着米打尺，一手伸向他。

看这阵势，王小亚吓得把手背在身后，边哭边求饶："妈妈，我下次早点回来，再也不玩这么晚了。"

"到现在还不知道自己错在哪？该打。"严凤英生气地说，然后一把抓过大儿子的手，使劲打，边打边说："你想要什么，手指一指，我都可以给你买，但是你怎么可以自己偷偷拿钱去买？让你偷钱！"听了母亲的话，他才知道是因为他拿的那5分钱。那一次，严凤英打得特别狠，打得王小亚整只手都肿起来，晚上吃饭时碗都端不起来。丈夫看到后，有些心疼，埋怨严凤英对孩子太过严厉了。严凤英"啪"地一声把碗搁到桌上，大声说："小孩子不能自己拿钱买东西，拿了自家的钱就会拿别家的钱，就是偷，就该打。"听了母亲的话，王小亚低着头，使劲往嘴里扒饭，不敢抬头看母亲。

后来，父亲告诉王小亚，母亲不给他们钱、不让他们自己去买东西，是怕他们养成乱花钱的习惯。记得那时母亲的工资很高，一个月有600元，家里的经济条件算是比较宽裕的，但是母亲从不给王小亚和弟弟零花钱，他们俩连钱的边都摸不到。有需要买的东西随时可以告诉母亲，哪怕贵一点的东西，只要是他们需要的，严凤英二话不说就会掏钱买。

上小学时，王小亚参加过一个无线电学习班，严凤英知道后特别高兴，得知上课时需要一些无线电器材，她当即就到商店去帮大儿子买。看着母亲远去的背影，王小亚知道妈妈的心里是爱他的。而他从那时起，就不会随便找妈妈要东西，除非是特别需要的东西。等自己有了孩子后，王小亚也从来不乱给孩子零花钱，孩子想要什么告诉他，他可以买，否则孩子就得自己赚钱自己去买。

"一不许乱花钱；二不许说假话；三不许对生活贫困的人瞧不起"

儿时，母亲除了常教育王小亚要节约，不许乱花钱，还经常告诫他："不许说假话；不许对生活贫困的人瞧不起。"

王小亚很小的时候怕极了母亲手中的米打尺，很少会对母亲撒谎。记得9岁那年的中秋节，学校发了一盒月饼，很小的一盒，拿到后王小亚就送给同学了。那个周日接他回家后，母亲很奇怪为什么别的孩子都带月饼回家，就他没有。王小亚当时就告诉母亲："我在学校把月饼吃了。"可能他平时不撒谎，说这话时有些底气不足，让细心的母亲看出了端倪。当时母亲也没有过多地责怪他，后来他才知道母亲向别的同学了解了情况。

幸福的一家

又过了一个星期，回家后，母亲把王小亚叫到身边，再一次问他月饼的去向。害怕母亲揍他，王小亚坚称月饼被他吃掉了。刚说完，妈妈就哭了，伤心地对他说："你不应该说假话，你送给谁就送给谁了，为什么要骗妈妈？你是不信任妈妈，还是害怕妈妈？小孩子不应该跟大人说谎话的。"第一次见到母亲流泪，王小亚真的手足无措，心里有一种内疚感，想去安慰母亲两句，可是又不敢，害怕自己再次说错话惹母亲伤心。

那次，母亲第一次在他说谎时没有打他，而是边哭边给他说道理。母亲的眼泪就像一根根鞭子，从王小亚心头扫过，比用米打尺打他更让他难受。后来，他再也没有撒过谎。成家后，有了自己的孩子，王小亚也不许孩子撒谎，因为他感觉到母亲的眼泪里有太多的心痛，而这种痛来自于爱。

母亲对王小亚和弟弟无论是生活上，还是学习上，都管教得很严厉，但是她对观众、街坊邻居，甚至于陌生人却极其热情。那个年代，母亲的黄梅戏已经红遍大江南北，每个月都要收到近千封戏迷的来信。她总是亲笔给每一个人回信，每个月光邮寄费都要花好几十块钱。每次看到母亲演出回家，明明很疲惫了，却要挑灯回信，王小亚就很纳闷，问母亲为什么要给他们回信。母亲说，这些戏迷让她演戏越来越有劲，她得感谢他们。那时，王小亚听得不是特别懂，明明是母亲的戏演得好，怎么还得感谢戏迷们。不过，母亲看信时温柔的眼神，让他感受到戏迷们对母亲的重要性。

母亲对人热情，在大院里众人皆知。每次到农村演出，她总要结识几个农村的老大娘和小姊妹，帮她们挑水干活，为她们清唱；她和剧团的同事们在一起，也总是有说有笑。有一次，母亲以前结识的时奶奶从淮北到合肥来，身子骨有些不舒服。母亲听说了便赶忙跑去看望她，还和老人家头碰头地靠在一张床上谈心解闷。两人聊到开心处，母亲竟然按照淮北人的称呼喊她"娘"。母亲去世后，时奶奶想起这些事，总是流着眼泪说："凤英真比俺亲闺女还亲哩！"

与他们非亲非故的人，只要有困难，母亲总是竭尽所能帮人一把。1962年的冬天，雪下得特别大，齐膝盖深，天特别冷，父亲、母亲、王小亚和弟弟都窝在家里不敢出门。一天清晨，一声婴儿的啼哭声传来，把一家人都惊醒了。父亲出门一打听才知道，一个灾民大嫂在剧团一个废弃的猪圈里生了一个孩子，猪圈四面透风，大嫂和孩子又冷又饿，孩子被冻得受不了放声大哭。母亲听说后，一骨碌爬起来，跑到厨房忙活了半天，端出一盘煮鸡蛋，又从家里翻出一件棉大衣，和父亲一起出门了。

上午，父亲先回来了，母亲却没有回来。听父亲说，母亲把鸡蛋和棉衣送给那位大嫂后，又到处去买炼乳，用开水泡给孩子喝，还塞给那位大嫂20元钱。那位大嫂感动得眼泪直流，一个劲儿说母亲是"活菩萨"。其实，王小亚知道，母亲自己是个经历苦难的人，所以特别同情那些贫苦的人。在她自己凭着努力过上光鲜生活的时候，她并没有忘记那些生活在底层的人。虽然她每个月拿着高工资，但是真正拿回家的却很少，因为她要接济很多人，这个30元，那个50元，三分之二的工资就这样没有了。

不过，家人从来没有怪过母亲，她的助人为乐深深地影响了王小亚和弟弟的一生。现在王小亚和弟弟都事业有成，没事的时候，他们会领着家人一起去参加公益活动，会给自己的孩子说她奶奶严凤英的故事，让孩子也要一辈子做好事。

严凤英不仅爱做好事，还对喜欢她的观众们特别随和。有一次严凤英带王小亚去安庆的一家商场买东西，刚进去就有眼尖的营业员认出了母亲，大喊一声："这不是严凤英老师吗？"这一嗓子把商场的营业员、顾客都吸引来了，他们身边一下围了很多人，王小亚正想保护妈妈离开，没想到妈妈却主动伸出手和他们握手，开心地聊起了天。严凤英就是这样的人，对待戏迷们从来不摆什么架子，但是对自己的孩子却凶得很。

有人说，严凤英的戏，她自己的孩子肯定看得最多。实际上却不是，一般孩子们也只有在内部彩排时才能看到一些，正规演出严凤英是不让孩子去的。越不让去，王小亚就越想看母亲演黄梅戏。有一天晚上，严凤英到合肥江淮大剧院演《宝英传》。看到母亲出门后，王小亚也悄悄地来到剧院。没有钱买戏票，他便在门口不断地朝里张望，想着怎样才能溜进去，不巧被检票员发现了。检票员向王小亚招招手，说："你妈妈在里面演戏，你怎么不进去呀？"知道他没戏票后，检票员直接就放他进去了。看完戏后，趁母亲没发现，王小亚又悄悄回了家。

可王小亚不知道在严凤英卸妆时，那个检票员将他进戏院看戏的事告诉了母亲。这下，严凤英很生气，回家后让王小亚跪在地上，把他一顿批评后，拿起米打尺就朝他身上打去，她的丈夫拉都拉不住。严凤英一边打一边说："你是我严凤英的儿子，就能不买戏票进去看戏？你这就是贼，偷戏看，丢人。"当时，土小亚心里觉得特别委屈：自己妈妈的戏为什么就不能进去看？他不觉得自己做错了什么，就杵在那不认错，把腰杆挺得直直的，任凭母亲责打……

多年后，王小亚参加了工作，才知道剧团规定演员演出时不允许带孩子进剧场。看着这条规定，他的眼泪差点就流下来，这才理解了母亲的苦心。母亲是要以身作则，带头遵守规定，她不想有人无票看戏。母亲经常对他说："多和班里普通家庭的孩子玩，你不比他们优越什么。"

如今，王小亚也对自己的孩子说："在外千万别说你的奶奶是严凤英，别让人家因为你是严凤英的孙女给你优待，要凭自己的真本事赢得别人的尊重。"

生活中的孝顺，工作上的敬业，一点点渗入孩子的心田

在外人眼中，严凤英随和大方。在王小亚的眼中，母亲绝对是个孝女。

都说婆媳关系难处，但严凤英和婆婆却像亲母女一样。每晚严凤英排戏回来，总是先到婆婆的房间问长问短。只要严凤英在家，就亲自给婆婆洗脚。婆婆是从封建社会过来的，所以是小脚，买不到合适的袜子，总是用长长的白布把脚一层层裹起来，每次洗脚都很费事。但严凤英从来不烦，总是细心地把婆婆的脚托到自己的膝盖上，小心地一层层解下那裹脚布，再把婆婆的脚放进洗脚盆里，婆媳俩一边洗脚一边聊天，房间里温暖的灯光照在两人身上，那画面特别温馨。

王小亚知道，孝顺是母亲对待长辈的态度，他也渴望着有一天他长大了，也可以天天为母亲洗脚、捶背，可惜他却再也等不到那一天。

"文革"开始了，当时王小亚才11岁，弟弟王小英9岁，他们还不是太懂事，只知道母亲的脸上很少露出笑容。即便如此，母亲还会如往常演戏回来一样，每晚会轻轻地来到床头，轻轻地在他和弟弟的脸上亲吻。那段时间，

只要有空，母亲就会拉过他和弟弟，给他们说她在旧社会的苦难史，一边说一边哭。

1968年4月8日凌晨6点，母亲喝下大量的安眠药，以死抗争。这一天，离母亲38岁生日还有5天。记得母亲离世两天后，父亲捧着母亲的骨灰盒带着他们一起回家时，那段路走了很久……

采访中，相貌和神情像极了严凤英的王小亚，说到妈妈的离世时，数次哽咽，沉默了很久，他突然喃喃地说了一句："她每次打我，都打得很疼，但她是个好妈妈，我是真的很想她。"每次一听到别人唱"树上的鸟儿成双对"时，王小亚都忍不住想起母亲。

教学中的严凤英

弟弟王小英去了深圳，只有他留在家乡，继承了母亲的事业。"是妈妈的敬业把我引向了黄梅戏这条路。"王小亚深情地说。

"母亲对事业的专注常常让我看得出神。有时我放假在家，母亲在剧团本来排戏就排到很晚，回家后很疲惫，但是为了演出到位，她竟然用冷水洗脸把自己弄清醒，拿出剧本接着背台词，一个字一个字地练习，而且对每一句台词一会儿用这个腔调练，一会儿又换另一个，反复琢磨，经常一练就是一整夜。

"有好多次，我悄悄地起床，把书房的门开个小缝，透过灯光，看到母亲在房间里一边比划着一边背台词，昏黄的灯光包裹着母亲清秀的身影，常常给我一种'天女下凡'的错觉。在睡梦中，我也隐隐约约能听到母亲的唱腔，咬字很清楚，每一句词中都带着感情。也许就是听着母亲的黄梅戏长大，让我对黄梅戏越来越喜爱。母亲走后，我毫不犹豫地选择了母亲的事业，也把母亲的敬业精神继承下来。我严格要求自己，将每一个字、每一句台词表演得有感情，为了达到这个效果，我会关着门一琢磨就是一整天、一整夜。有人说我太较真，那不是较真，是认真。我相信越认真，才能越接近母亲的成就。"

因为母亲的遭遇，王小亚饱受牵连，一直到1978年母亲平反之后，他才解决了工作问题，落户安庆黄梅戏剧院。在剧院一团当演员坏了嗓子后，王小亚改在乐队拉大提琴，随后又被单位送到上海音乐学院进修了两年，他曾为《黄山情》《玉带缘》《朱门玉碎》等几十部黄梅戏影视片和广播剧《严凤英》配乐作曲，是国家一级作曲指挥。

在家没事时，王小亚喜欢翻看着母亲生前留下的三本笔记本，慢慢体味母亲亲笔写下的人生历程。他还喜欢和女儿聊母亲的故事，让他欣慰的是女儿很懂事，对自己很孝顺，逢年过节赶不回家，都会给家里打电话、邮寄礼物，还会叮嘱他要保护好嗓子。

如今，王小亚除了忙工作之外，还忙着整理母亲的三本笔记，他想要向世人还原一个真实的严凤英。这个戏迷眼中的艺术家，在王小亚的心里，却是一个随和善良、做事认真，同时又严守原则的"凶"妈妈。